Die Bibliothek der Technik
Band 103

Abgasturbolader

Sinnvolle Nutzung der Abgasenergie

Michael Mayer, Günter Krämer

verlag moderne industrie

Dieses Buch wurde mit fachlicher Unterstützung der BorgWarner Turbo Systems GmbH erarbeitet.

6., vollständig überarbeitete Auflage des Titels:
Mayer, Michael: Abgasturbolader: Sinnvolle Nutzung der Abgasenergie. Landsberg: verlag moderne industrie, 1994. (Die Bibliothek der Technik). – ISBN 3-478-93116-9

www.sv-onpact.de
Abbildungen: Nr. 1 (von oben links nach unten rechts): MTU Friedrichshafen; Porsche, Stuttgart; Liebherr, Bulle, Schweiz; Volvo, Göteborg, Schweden; Daimler, Stuttgart; AEG Schienenfahrzeuge, Nürnberg; Nr. 6 Peugeot S.A., Paris, Frankreich; Nr. 7 Ford, Köln; Nr. 30 Zollern, Laucherthal; Nr. 32 Sterling International, Coventry, UK; alle übrigen BorgWarner Turbo Systems GmbH, Kirchheimbolanden
Satz: HJR, Landsberg am Lech
Druck und Bindung: Sellier Druck GmbH, 85354 Freising
Printed in Germany 236026
ISBN 978-3-86236-026-0

Inhalt

Einleitung

1905: Patent von Alfred Büchi

Die Geschichte der Aufladung ist fast so alt wie die der Verbrennungsmotoren. Bereits Gottlieb Daimler (1885) und Rudolf Diesel (1896) versuchten, durch Vorkompression der dem Motor zugeführten Luft die Motorleistung zu erhöhen und den Kraftstoffverbrauch zu verringern. Die erste erfolgreiche Anwendung der Abgasturboaufladung gelang dem Schweizer Alfred Büchi im Jahre 1925, mit einer Leistungssteigerung von über 40 %. Von da an begann die schrittweise Einführung der Abgasturboaufladung.

Die ersten Anwendungen der Abgasturboaufladung beschränkten sich zunächst auf sehr große Motoren, wie z. B. Schiffsmotoren. Im Fahrzeugmotorenbau begann die Entwicklung zunächst bei den Nutzfahrzeugmotoren. Im Jahre 1938 brachte die Schweizer Maschinenfabrik Saurer den ersten abgasturboaufgeladenen Nutzfahrzeugmotor auf den Markt.

In den Jahren 1962/63 kamen in den USA mit dem Chevrolet Corvair Monza und dem Oldsmobile Jetfire die ersten Personenwagen mit Turbomotor auf den Markt. Trotz erheblichen technischen Aufwandes konnten sie wegen der geringen Zuverlässigkeit nicht bestehen.

Die Aufladetechnik hat sich im größeren Umfang erst nach der ersten Ölkrise im Jahre 1973 bei der kommerziellen Anwendung von Dieselmotoren durchgesetzt. Bis dahin standen den hohen Investitionskosten für die Aufladetechnik geringe Kosteneinsparungen beim Kraftstoff gegenüber. Bei den Nutzfahrzeugen hat sich der Trend zu den aufgeladenen Motoren außerdem durch die Verschärfung der Schadstoffgesetzgebung Ende der Achtzigerjahre verstärkt, sodass heute nahezu jeder Nutzfahrzeugmotor aufgeladen ist (Abb. 1).

Abb. 1 (gegenüber): Abgasturbolader finden sich in Motorjachten, Nutzfahrzeugen, Pkw (Otto und Diesel), Baggern und Lokomotiven.

S GO 506
LEP 160
S MB 1851

70er-Jahre: Turbo in Mode

In den Siebzigerjahren gewann der Pkw-Turbomotor durch die Einführung des Abgasturboladers in den Motorsport, insbesondere in die Formel 1, eine hohe Popularität. Das Wort »Turbo« wurde zum Modebegriff. Beinahe jeder Automobilhersteller bot zu dieser Zeit ein Spitzenmodell mit aufgeladenem Ottomotor an. Diese Modeerscheinung hielt jedoch nur wenige Jahre an, da der aufgeladene Ottomotor zwar als leistungsstark, aber nicht als sparsam galt. Darüber hinaus wurden die Komforteinbußen durch das verzögerte Ansprechen der damals noch relativ großen Turbolader vom Kunden häufig nicht akzeptiert.

1978/81: erste Turbodiesel-Pkw

Der wirkliche Durchbruch der Abgasturboaufladung im Pkw gelang mit der Einführung der ersten aufgeladenen Dieselmotoren im Mercedes Benz 300 SD im Jahre 1978 und 1981 im VW Golf Turbodiesel. Mithilfe des Turboladers konnten der Wirkungsgrad des Pkw-Dieselmotors erhöht und die Fahrleistungswerte des Ottomotors annähernd erreicht werden. Zugleich wurden die Schadstoffemissionen verringert.

2011: Umweltentlastung und Faszination

Die Aufladung von Ottomotoren wird heute nicht mehr primär unter dem Leistungsaspekt gesehen, sondern als Möglichkeit, durch das so genannte Downsizing Kraftstoff zu sparen und damit durch den geringeren Ausstoß von Kohlendioxid (CO_2) die Umwelt weniger zu belasten. Dennoch: Ein Teil der Faszination für die Turbotechnik aus den Sechziger- und Siebzigerjahren ist auch heute noch geblieben. Hauptgrund für die Anwendung der Abgasturboaufladung ist aber die Nutzung der Abgasenergie zur Verminderung des Verbrauches und der Schadstoffemissionen. Der Abgasturbolader leistet somit einen wichtigen Beitrag zur Schonung der Umwelt und der Energieressourcen.

Prinzip der Aufladung

Zum einfacheren Verständnis der Aufladetechnik soll zunächst die Arbeitsweise eines Verbrennungsmotors betrachtet werden. Die meisten Pkw und Nutzfahrzeuge werden heute von Viertakt-Hubkolbenmotoren angetrieben. Zur Steuerung werden Einlass- und Auslassventile verwendet. Ein Arbeitsspiel umfasst vier Takte, die während zweier Kurbelwellenumdrehungen ablaufen (Abb. 2):

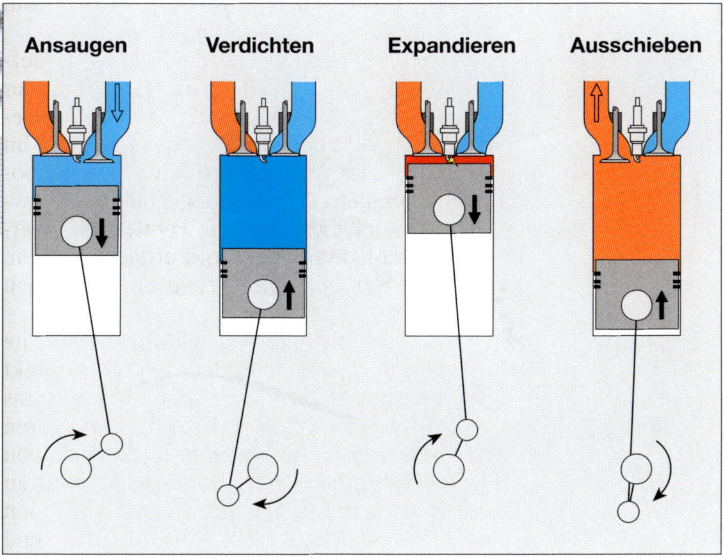

Abb. 2: Schema eines Viertakt-Hubkolbenmotors

- Ansaugen (Ladungswechseltakt):
  Die Luft (Dieselmotor oder direkteinspritzender Ottomotor) bzw. das Luft-Benzin-Gemisch (Ottomotor) werden infolge der Kolbenabwärtsbewegung durch das Einlassventil angesaugt.
- Verdichten (Arbeitstakt):
  Der Zylinderinhalt wird verdichtet.

- Expandieren (Arbeitstakt):
  Beim Ottomotor wird die Verbrennung des Luft-Benzin-Gemisches durch einen Zündfunken eingeleitet. Beim Dieselmotor wird der Kraftstoff mit Hochdruck eingespritzt. Das Gemisch entzündet sich von selbst.
- Ausschieben (Ladungswechseltakt):
  Die Abgase werden durch die Kolbenaufwärtsbewegung ausgeschoben.

Drei Wege zur Motorleistungssteigerung

Für die Erhöhung der Leistung ergeben sich aus diesem einfachen Ablaufschema verschiedene Ansätze:

- Leistungssteigerung durch Hubraumvergrößerung
- Leistungssteigerung durch Drehzahlerhöhung
- Leistungssteigerung durch Aufladung.

Hubraumvergrößerung

Eine Erhöhung des Hubvolumens führt zu einer Leistungssteigerung, da in einem vergrößerten Brennraum infolge der größeren vorhandenen Luftmenge mehr Kraftstoff verbrannt werden kann. Die Hubraumvergrößerung lässt sich erreichen, indem man die Anzahl der Zylinder oder das Volumen eines jeden einzelnen Zylinders erhöht. In der Regel resultieren daraus großvolumigere und schwerere Motoren. Betreffend des Verbrauchs und der Schadstoffemissionen sind keine wesentlichen Vorteile zu erzielen.

Drehzahlsteigerung

Eine weitere Möglichkeit, die Leistung eines Motors zu erhöhen, ist die Drehzahlsteigerung. Dabei wird die Anzahl von Arbeitstakten pro Zeiteinheit erhöht. Dieser Form der Leistungsverbesserung sind wegen der mechanischen Standfestigkeit allerdings Grenzen gesetzt. Mit zunehmender Drehzahl steigen außerdem die Reibungs- und Strömungsverluste überproportional an und der Wirkungsgrad des Motors sinkt.

Aufladung

Bei den zwei bisher betrachteten Verfahren zur Leistungssteigerung arbeitet der Motor als Saugmotor. Die Verbrennungsluft wird während des Ansaugtaktes durch einen Luftfilter aus der Umgebung angesaugt. Bei aufgeladenen Motoren wird die Verbrennungsluft bereits vorverdichtet dem Motor zugeführt. Der Motor saugt das gleiche Luftvolumen an, aber durch den höheren Druck gelangt eine größere Luftmasse in den Brennraum. Dadurch kann mehr Kraftstoff verbrannt werden, sodass die Leistung des Motors bei gleicher Drehzahl und gleichem Hubvolumen ansteigt.

Ladeluftkühlung
Durch die Vorverdichtung erwärmt sich die Ladeluft um bis zu 180 °C. Kühlt man diese Luft in einem Ladeluftkühler, so kann die Luftdichte und damit die Leistung weiter gesteigert werden.
Die Ladeluftkühlung ist eine der wenigen Maßnahmen am Verbrennungsmotor, die sich sowohl auf Leistung und Verbrauch als auch auf die Schadstoffemissionen positiv auswirkt. Die niedrigere Lufteintrittstemperatur hat eine geringere Verbrennungstemperatur zur Folge, sodass die Stickoxidemission vermindert wird. Die höhere Luftdichte senkt den Verbrauch und mindert den Rußausstoß von Dieselmotoren. Bei Ottomotoren wird die Neigung zur klopfenden Verbrennung vermindert. Der Anteil der ladeluftgekühlten Motoren steigt daher stetig an.

Zwei Methoden der Aufladung

Grundsätzlich unterscheidet man zwischen mechanisch aufgeladenen Motoren und abgasturboaufgeladenen Motoren.

Mechanische Aufladung

Bei der mechanischen Aufladung wird die Verbrennungsluft durch einen Kompressor vorverdichtet, der vom Motor angetrieben wird (Abb. 3). Die erreichte Leistungssteigerung wird dabei zum Teil durch die hohe Antriebs-

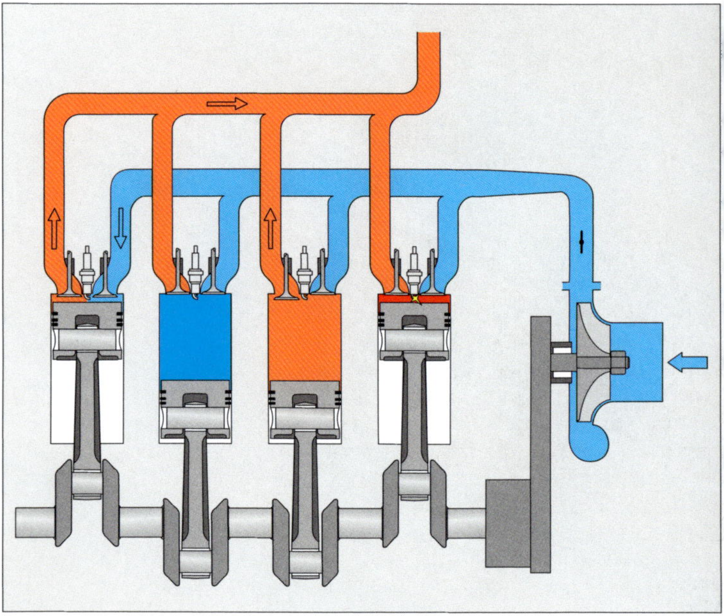

Abb. 3: Schema eines mechanisch aufgeladenen Vierzylindermotors

leistung des Kompressors wieder aufgezehrt. Die Leistungsaufnahme eines mechanischen Laders beträgt bis zu 15 % der Motorleistung. Der Kraftstoffverbrauch ist daher gegenüber dem leistungsgleichen Saugmotor höher.

Abgasturboaufladung

Bei der Abgasturboaufladung wird ein Teil der an sich verlorenen Abgasenergie zum Antrieb einer Turbine genutzt (Abb. 4). Auf der Welle

Abb. 4:
Schema eines abgasturboaufgeladenen Vierzylindermotors

der Turbine sitzt auch ein Verdichter, der die Verbrennungsluft ansaugt und sie dem Motor verdichtet zuführt. Eine mechanische Kopplung mit dem Motor besteht nicht. Durch die Abgasturboaufladung werden folgende Vorteile erreicht:

- Der Turbomotor hat gegenüber einem gleich starken Saugmotor einen geringeren Verbrauch, weil ein sonst nicht genutzter Teil der Abgasenergie zur Leistung des Motors beiträgt. Die Reibungs- und Wärmeverluste des hubraumkleineren Turbomotors sind geringer.

- Das Leistungsgewicht in Kilogramm Motorgewicht je Kilowatt Leistung (kg/kW) ist beim abgasturboaufgeladenen Motor gegenüber dem Saugmotor deutlich geringer.
- Der Einbauraum eines Turbomotors ist kleiner als der eines gleich starken Saugmotors.

Vorteile der Abgasturboaufladung

- Der Drehmomentverlauf eines Turbomotors kann günstiger gestaltet werden. Durch die so genannte »Büffelcharakteristik«, einem sehr starken Anstieg des Drehmomentes bei sinkender Motordrehzahl, bleibt nahezu die volle Leistung auch unterhalb der Nenndrehzahl erhalten. Am Berg muss daher weniger oft geschaltet werden. Das Fahrzeug verliert weniger Geschwindigkeit.
- Das Höhenverhalten des Turbomotors ist deutlich besser. Ein Saugmotor verliert infolge des abnehmenden Luftdruckes in großen Höhen beträchtlich an Leistung. Beim Turbomotor steigt die Turbinenleistung an, weil zwischen dem nahezu konstanten Druck vor der Turbine und dem niedrigeren Umgebungsdruck ein größeres Druckgefälle herrscht. Die geringere Luftdichte am Verdichtereintritt wird so zum größten Teil wieder ausgeglichen. Der Motor verliert kaum an Leistung.
- Der Turbomotor ist leiser als ein gleich starker Saugmotor, weil er unter anderem kleiner ist und damit die Schall abstrahlende Fläche des Motors geringer ist. Der Turbolader selbst wirkt als zusätzlicher Schalldämpfer.
- Turbodieselmotoren können mit einem größeren Luftüberschuss betrieben werden. Dies ist heute Grundvoraussetzung für das schadstoffarme und verbrauchsgünstige Betriebsverhalten dieser Motoren.

Anwendungsbeispiele

Aufgeladene Motoren sind überall dort zu finden, wo eine hohe Wirtschaftlichkeit des Mo-

tors gefordert ist. Dies ist umso mehr der Fall, je größer der Motor ist. Großmotoren und mittelschnell laufende Dieselmotoren, die als Schiffs- und Lokomotivmotoren, Generator- und Industriemotoren eingesetzt werden, sind nahezu alle mit Turbolader und Ladeluftkühler ausgestattet.
Seit den frühen Fünfzigerjahren setzte sich die Abgasturboaufladung in Nutzfahrzeugen durch. Die Aufladung brachte für den Spediteur wichtige wirtschaftliche Vorteile. So konnte durch den kleineren und leichteren Motor der Laderaum und die Zuladung vergrößert werden. Der Kraftstoffverbrauch der Fahrzeuge nahm in den letzten Jahrzehnten stetig ab, wohingegen die Transportdurchschnittsgeschwindigkeit in diesem Zeitraum stetig anstieg.

Stoßaufladung

Stoßaufladung bei Nutzfahrzeugen

Ein wichtiges Entwicklungsziel bei aufgeladenen Nutzfahrzeugmotoren ist es, ein hohes Drehmoment auch bei niedrigen Motordrehzahlen zu erreichen. Hierbei hat sich die Stoßaufladung (Abb. 5) gegenüber der Stauaufladung durchgesetzt. Durch die im Vergleich zur Stauaufladung engen Abgassammelrohre wird auch die kinetische Energie (Bewegungsenergie) der Abgase beim Ausströmen aus dem Zylinder genutzt.
Da der Druck in den Leitungen nicht mehr konstant ist, kann man bei Mehrzylindermotoren nur solche Zylinder durch den Abgassammler zusammenfassen, die sich beim Ladungswechsel nicht gegenseitig stören. Bei einem Sechszylindermotor werden jeweils drei Zylinder in einer Leitung zusammengefasst. Die Abgasstränge werden auch innerhalb der Turbine bis zum Turbinenrad getrennt geführt (Zwillingsstromturbine). Im Pkw werden meist einteilige Abgassammler und einflutige

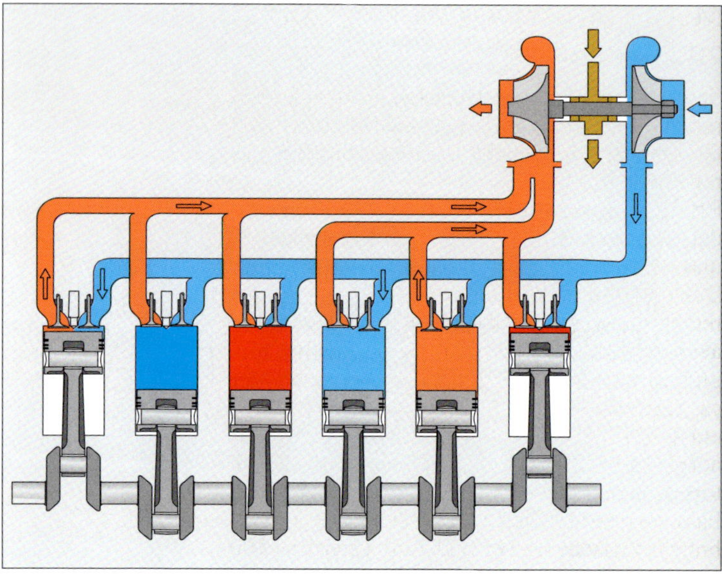

Abb. 5: Schema der Stoßaufladung

Turbinen verwendet. Die Abgaspulsationen werden aber auch hier durch enge Leitungsführung genutzt.

Stauaufladung

Bei stauaufgeladenen Motoren werden Druckpulsationen durch den vergleichsweise großen Abgassammelbehälter geglättet. Die Turbine kann dadurch im Bereich hoher Motordrehzahlen bei einem geringeren Druck mehr Abgas durchsetzen. Da der Motor gegen einen geringeren Abgasgegendruck ausschieben kann, verbessert sich der Verbrauch des Motors in diesen Betriebspunkten. Nachteilig ist ein wesentlich geringeres Drehmoment bei niedrigen Motordrehzahlen. Die Stauaufladung wird daher häufig bei Motoren angewendet, die keinen großen Drehmomentüberschuss zur Fahrzeugbeschleunigung benötigen wie z.B. große Schiffs-, Generator- und Industriemotoren.

Stauaufladung bei Großmotoren

Marktpotenzial der Abgasturboaufladung

Seit Beginn der Neunzigerjahre wurden in Europa und in den USA die Schadstoffemissions-Grenzwerte für Motoren mittlerer und schwerer Nutzfahrzeuge erheblich verschärft. Die Erfüllung der heute in diesen Ländern geltenden Grenzwerte ist nur noch mit aufgeladenen und ladeluftgekühlten Motoren möglich.

»2-Liter-Auto«

Der niedrige Verbrauch von Pkw-Dieselmotoren ist hinlänglich bekannt. Der Kohlendioxidausstoß moderner Dieselmotoren ist daher verglichen mit leistungsgleichen Ottomotoren um ca. 25 % geringer. Weitere 15 % Verbrauchseinsparung wurden durch die Einführung des aufgeladenen, direkteinspritzenden Dieselmotors erreicht. Diese Technologie ermöglicht es, Fahrzeuge mit einem durchschnittlichen Verbrauch zwischen zwei und fünf Litern je 100 Kilometer – abhängig vom Fahrzeuggewicht – einzuführen.

Akzeptanz im Markt

Galten Dieselmotoren früher als leistungsschwach, so konnte dieser Nachteil in den vergangenen Jahren durch die Abgasturboaufladung beseitigt werden. Das Durchzugsvermögen von modernen Turbodieselmotoren (Abb. 6) wird gegenüber leistungsgleichen Ottomotoren häufig als besser bezeichnet. Dem verzögerten Ansprechen des Turboladers auf die Änderung der Fahrpedalstellung wurde mit zunehmend kleineren Turboladern und Turboladern mit variabler Turbinengeometrie begegnet. Auch die gesetzlich limitierten Schadstoffemissionen (Stickoxide NO_x, Kohlenmonoxid CO, Kohlenwasserstoffe HC) erreichten in den letzten Jahren durch die Verbesserung des Brennverfahrens und durch die Abgasturboaufladung das Niveau von Ottomotoren mit Dreiwegekatalysator. Dieser Fortschritt wurde durch einen erheblichen

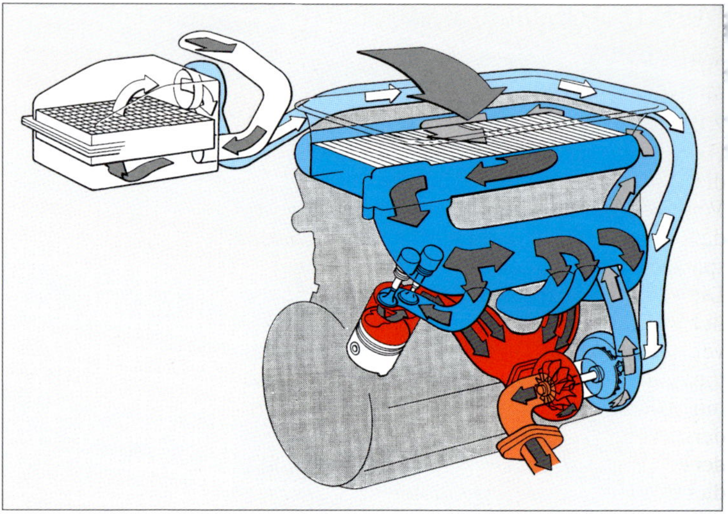

Abb. 6: Schema eines Pkw-Turbodieselmotors mit Ladeluftkühlung (Peugeot)

technischen Mehraufwand erreicht. So sind moderne Turbodieselmotoren mit einem Hochdruck-Einspritzsystem mit elektronischem Motormanagement ausgestattet, in das auch der Turbolader einbezogen ist. Solche Verbesserungen des Turbodieselmotors haben dazu geführt, dass der Dieselmotor als Pkw-Antrieb vom Autofahrer immer mehr akzeptiert wird.

Gesetzliche Randbedingungen

Der größte Markt für Pkw-Dieselmotoren ist Westeuropa. Im Jahre 2010 wurden hier über 6,7 Millionen Dieselfahrzeuge neu zugelassen, ausnahmslos mit Abgasturbolader. Der Anteil von Dieselmotoren ist in Europa allerdings von Land zu Land unterschiedlich. Die Schwankungsbreite reicht von rund 20 % in den Niederlanden bis über 70 % in Frankreich, Norwegen oder den Benelux-Staaten. Dies liegt weniger daran, in welchem Maße die Autofahrer den Dieselmotor akzeptieren, als vielmehr an den unterschiedlichen gesetzlichen und steuerlichen Randbedingungen.

Waren 2000 nur 11 % aller Pkw-Ottomotoren in Europa aufgeladen, so waren es im Jahr 2010 bereits ca. 20 %. Dieser Trend wird sich in den nächsten Jahren fortsetzen. Im Jahre 2020 werden voraussichtlich mehr als die Hälfte aller Ottomotoren aufgeladen sein, weil die Maßnahmen zum Klimaschutz und die Vorgaben für die Automobilindustrie zur Reduzierung der CO_2-Emissionen zunehmend sparsamere Motoren erforderlich machen.

Diese Verbrauchseinsparung wird im Wesentlichen durch Downsizing erreicht. Darunter versteht man das Ersetzen von großen Saugmotoren durch hoch aufgeladene Motoren mit geringerem Hubraum und weniger Zylindern. Ein Pkw bewegt sich heute, insbesondere wegen der stetig steigenden Verkehrsdichte, meistens im Teillastbereich. Nur relativ selten wird seinem Motor die volle Leistung abverlangt. Diese geringere Leistung kann von einem kleinen Ottomotor verbrauchsgünstiger erbracht werden. Die Motorbetriebspunkte verschieben sich hin zu höheren Lasten und in Bereiche höherer Wirkungsgrade. Eine zusätzliche Kraftstoffeinsparung wird dadurch erreicht, dass kleinere, kompakte Motoren mit weniger Zylindern weniger Reibungsverluste aufweisen und kleiner und leichter sind als leistungsgleiche Saugmotoren.

Die Zukunft liegt im konsequenten »Downsizing«

Die Leistungslücke zum großen Saugmotor wird mithilfe des Turboladers geschlossen. Durch die Abgasturboaufladung wird der geringe Teillastverbrauch des hubraumkleinen Motors mit der einem wesentlich voluminöseren Saugmotor entsprechenden großen Leistung kombiniert. Verbrauchseinsparungen bis zu 20 % sind durch konsequentes Downsizing erreichbar. Die Leistungsdichte (Motorleistung in Kilowatt pro Liter Hubraum) solcher Motoren variiert zwischen 60 kW/l und mehr als 100 kW/l.

Abb. 7: Moderne direkteinspritzende Ottomotoren mit Turboaufladung, wie z. B. der EcoBoost-Motor mit 2,0 l Hubraum, verbinden hohe Leistung mit niedrigem Verbrauch und geringen Emissionen.

Neben der hohen Leistungsdichte werden der Verbrauch und die Schadstoffemissionen aufgeladener Ottomotoren immer wichtiger. Der aufgeladene Ottomotor ist nicht mehr nur die Spitzenmotorisierung für sportliche Fahrzeuge, sondern ein alltagstaugliches Hightech-Antriebsaggregat für verbrauchsgünstige Fahrzeuge (Abb. 7).

Aufbau und Funktionsweise des Abgasturboladers

Seit Alfred Büchi haben sich die Grundfunktionen eines Abgasturboladers nicht mehr wesentlich geändert. Ein Abgasturbolader (Abb. 8) besteht aus einem Verdichter und einer Turbine, die durch eine gemeinsame Welle mit-

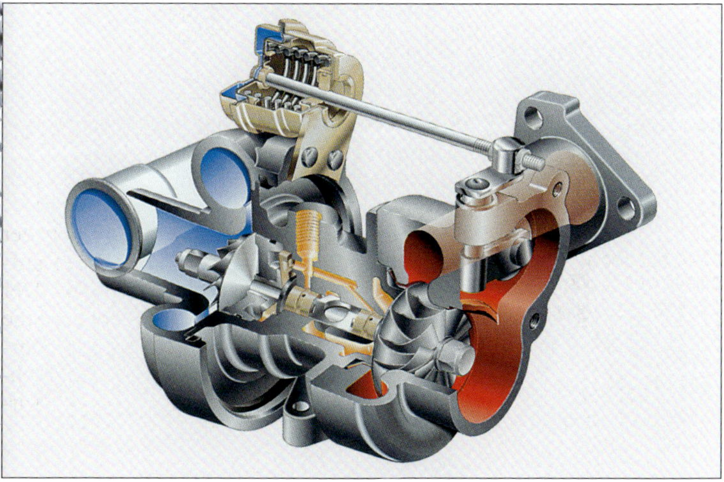

einander verbunden sind. Die Turbine liefert, angetrieben von den Abgasen des Motors, die Antriebsenergie für den Verdichter. Für Turbolader werden in den meisten Fällen Radialverdichter und Zentripetalturbinen eingesetzt.

Abb. 8: Schnitt durch einen typischen Abgasturbolader

Verdichter

Aufbau und Funktion des Radialverdichters

Die Verdichter der meisten Turbolader sind Radialverdichter. Dieser Verdichtertyp besteht aus drei wichtigen Bestandteilen: dem Verdichterrad, dem Diffusor und dem Spiralgehäuse. Durch die Drehzahl des Rades wird Luft axial angesaugt und im Rad auf hohe Geschwindigkeiten beschleunigt. Die Luft verlässt das Verdichterrad in radialer Richtung. Im Diffusor wird die Geschwindigkeit der Luft weitgehend verlustfrei verringert. Die Folge davon ist, dass Druck und Temperatur ansteigen. Der Diffusor wird aus der Verdichterrückwand und einem Teil des Spiralgehäuses gebildet. Im Spiralgehäuse wird die Luft gesammelt und die Geschwindigkeit bis zum Verdichteraustritt weiterhin reduziert.

Betriebsverhalten

Verdichterkennfeld

Das Betriebsverhalten von Verdichtern wird häufig durch Kennfelder (Abb. 9) beschrieben, bei denen das Druckverhältnis über dem durchgesetzten Volumen- bzw. Massenstrom dargestellt ist. Der Volumen- und der Massenstrom des Verdichters werden wegen der Vergleichbarkeit auf einen bestimmten Normzustand am Verdichtereintritt bezogen. Der nutzbare Kennfeldbereich von Strömungsverdichtern ist begrenzt durch die Pumpgrenze, die Stopfgrenze und die maximal zulässige Drehzahl des Verdichters.

Pumpgrenze

Kennfeldbegrenzung

Die Pumpgrenze begrenzt den linken Kennfeldrand. Bei zu kleinen Volumenströmen und zu hohen Druckverhältnissen löst sich die Strömung von den Verdichterschaufeln. Der Fördervorgang wird dadurch unterbrochen. Die Luft strömt rückwärts durch den Verdichter, bis sich wieder ein stabiles Druckverhältnis mit positivem Volumenstrom einstellt. Der Druck baut sich erneut auf. Der Vorgang wiederholt sich in rascher Folge. Aus dem dabei entstehenden Geräusch leitet sich die Bezeichnung »pumpen« ab.

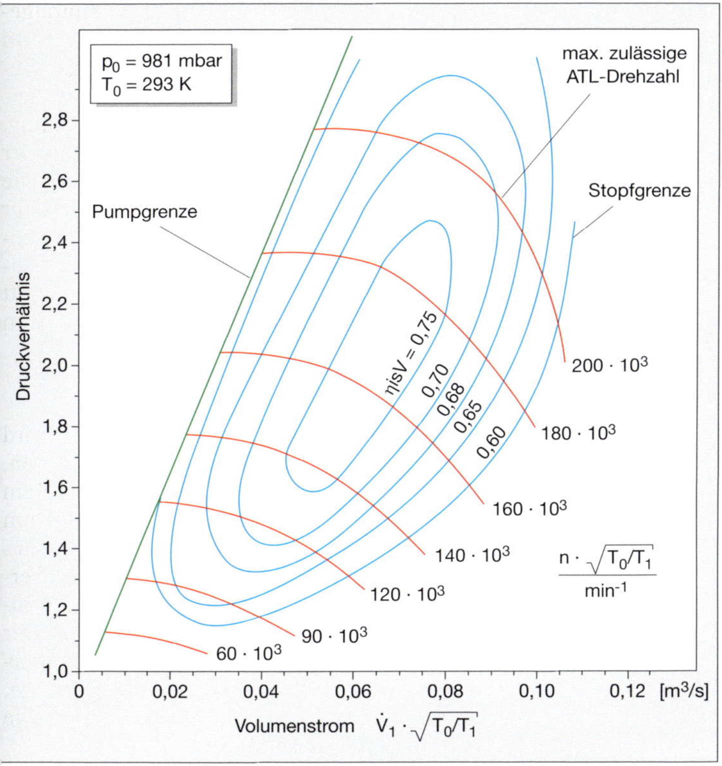

Abb. 9: Verdichterkennfeld eines Turboladers für Pkw-Anwendungen

Durch rückwärts gekrümmte Schaufelenden verschiebt sich die Pumpgrenze zu kleineren Volumenströmen, sodass der nutzbare Bereich des Verdichterkennfeldes größer wird (Abb. 10). Durch die Rückwärtskrümmung erhält man lange, sich allmählich erweiternde Strömungskanäle, die die Strömung langsamer verzögern und weniger zu Strömungsablösungen neigen als radial endende Schaufeln.

Über die Diffusorbreite kann die Pumpgrenze ebenfalls positiv beeinflusst werden. Schmalere Diffusoren ergeben im Allgemeinen stabilere Kennfelder.

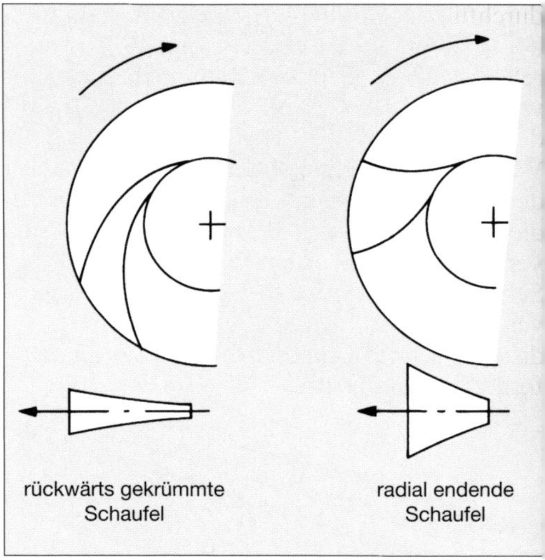

Abb. 10: Vergleich zwischen radial endenden und rückwärts gekrümmten Schaufeln

Stopfgrenze
Der maximale Volumenstrom eines Radialverdichters ist in der Regel durch den Querschnitt am Verdichtereintritt begrenzt. Erreicht die Luft im Radeintritt die Schallgeschwindigkeit, so ist kein weiteres Anwachsen des Durchsatzes mehr möglich. Im Verdichterkennfeld zeigt sich die Stopfgrenze an den stark abfallenden Drehzahllinien am rechten Kennfeldrand. Durch Zurückversetzen jeder zweiten Schaufel (engl.: *splitter blades*) wird der Eintrittsquerschnitt des Verdichters vergrößert und die Stopfgrenze zu höheren Volumenströmen verschoben.

Kennfelderweiterung

Vergrößert man den Eintrittsdurchmesser, so wird das Nabenverhältnis, also das Verhältnis von Verdichtereintritts- zu Raddurchmesser, ebenfalls vergrößert. Auch dies bewirkt eine Erhöhung des maximalen Luftdurchsatzes. Diese Maßnahme ist wegen der Gestaltfestigkeit und aus aerodynamischen Überlegungen nur bis zu Nabenverhältnissen von ca. 0,8

durchführbar. Aus dem gleichen Grund sind bei solch großen Nabenverhältnissen nur noch relativ niedrige Druckverhältnisse realisierbar, wie sie in Pkw-Anwendungen gefordert werden.
Weniger und dünnere Schaufeln vergrößern den freien Querschnitt am Radeintritt, sodass die Stopfgrenze zu größeren Volumenströmen verschoben wird. Durch die Verringerung der Schaufelanzahl sinkt das erreichbare Druckverhältnis. Die minimale Schaufeldicke ist durch die Gießtechnik und die Lebensdauerforderungen begrenzt.

Abb. 11: Verdichterrad für Pkw-Dieselmotoren mit ca. 2,5 l Hubraum. Der Raddurchmesser beträgt nur 45 mm.

Verdichterräder für Pkw-Anwendungen zeichnen sich durch ein großes Nabenverhältnis, eine geringere Schaufelanzahl sowie dünne, stark rückwärts gekrümmte Schaufeln aus. Die Schräganbindung der Schaufeln senkt das Spannungsniveau im Rad (Abb. 11).

Kennlinienstabilisierung

Durch Kennlinien stabilisierende Maßnahmen (KSM) wie zusätzliche Rezirkulationskanäle entweicht an der Pumpgrenze ein Teil der bereits eingeströmten Luft. Sie wird am Verdichtereintritt dem Hauptstrom wieder zugeführt. Durch diese Rezirkulation wird die Strömung stabilisiert und die Pumpgrenze zu kleineren Volumenströmen verschoben. Außerdem kann dem Laufrad an einer Stelle hinter dem eigent-

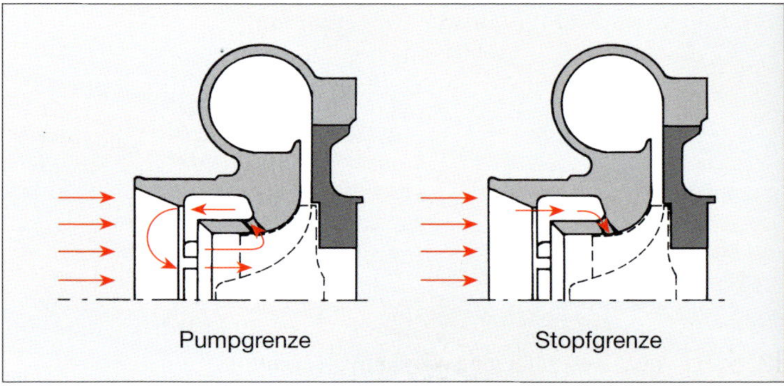

Abb. 12: Kennlinienstabilisierung durch Rezirkulationskanäle

lichen Eintrittsquerschnitt Luft zugeführt werden, sodass die Stopfgrenze zu größeren Volumenströmen verschoben wird (Abb. 12). Diese Art der Kennfelderweiterung wird insbesondere bei Turboladern für Nutzfahrzeuge eingesetzt, wo zugleich hohe Druckverhältnisse und breite Kennfelder gefordert werden.

Festigkeit

Maximal zulässige Drehzahl

Die Drehzahl des Verdichterrades ist wegen der Bauteilbeanspruchung begrenzt. Die maximal zulässige Drehzahl ergibt sich aus der zulässigen Umfangsgeschwindigkeit am Radaußendurchmesser. Übliche zulässige Umfangsgeschwindigkeiten liegen bei ca. 520 m/s. Höhere Umfangsgeschwindigkeiten verkürzen die Lebensdauer, falls nicht Gegenmaßnahmen ergriffen werden, die die Beanspruchung des Rades senken. Eine dieser Maßnahmen ist die Aufdickung der Radrückenkontur. Abbildung

Lebensdauerverlängerung

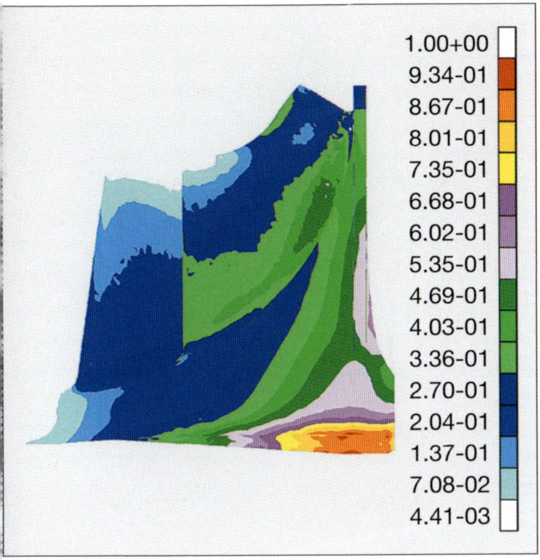

Abb. 13: Spannungsverlauf in einem Verdichterrad

13 zeigt den berechneten Spannungsverlauf innerhalb der Nabe eines solchen Rades.

Turbine

Bauarten und Funktion

Die Turbine eines Turboladers besteht in der Regel aus dem Turbinenrad und dem Turbinengehäuse. Die Turbine setzt die Energie aus den Motorabgasen in mechanische Energie zum Antrieb des Verdichters um. Die Abgase werden durch den Strömungsquerschnitt der Turbine aufgestaut, sodass sich zwischen Eintritt und Austritt ein Druck- und Temperaturgefälle einstellt. Dieses Gefälle wird in der Turbine in kinetische Energie umgesetzt, die das Turbinenrad antreibt.

Axial- und Radialturbinen

Man unterscheidet zwischen Axialturbinen und Radialturbinen. Bei Axialturbinen wird das Rad ausschließlich axial durchströmt. Bei Radialturbinen erfolgt die Anströmung zentri-

Abb. 14: Vergleich Axial- und Radialturbine

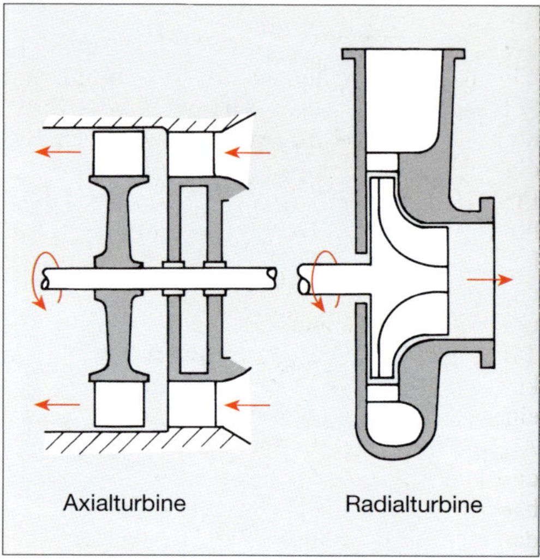

petal, d.h. in radialer Richtung von außen nach innen, und das Ausströmen in axialer Richtung (Abb. 14).

Bis zu einem Raddurchmesser von ca. 160 mm werden ausschließlich Radialturbinen verwendet. Dieses Maß entspricht in etwa einer Motorleistung von 1000 kW je Turbolader. Ab einer Größe von 300 mm werden ausschließlich Axialturbinen eingesetzt. Zwischen diesen beiden Werten finden beide Varianten Verwendung.

Große Axialturbinen haben im Vergleich zu gleich großen Radialturbinen einen höheren Wirkungsgrad und sind einfacher und kostengünstiger herzustellen. Mit abnehmendem Raddurchmesser sinkt der Wirkungsgrad der Axialturbine infolge zunehmender Strömungsverluste stark ab. Kleine Radialturbinen haben gegenüber vergleichbaren Axialturbinen einen höheren Wirkungsgrad. In Pkw- sowie in Nutzfahrzeug- und Industriemotoren sind daher fast ausschließlich Radialturbinen zu finden. Bei den hier vorliegenden größeren Stückzahlen ist die Radialturbine auch kostengünstiger herzustellen als die Axialturbine. Im Folgenden wird wegen ihrer weiten Verbreitung nur noch auf die Funktionsweise der Radialturbine eingegangen.

Funktionsweise der Radialturbine

Eine solche Radial- oder auch Zentripetalturbine wandelt den Druck des Abgases innerhalb des Spiralgehäuses in kinetische Energie um und führt das Abgas – über dem Radumfang mit konstanter Geschwindigkeit – dem Turbinenrad zu. Die Umsetzung des Drucks in kinetische Energie erfolgt bei Gasturbinen in einem mit Schaufeln versehenen Leitring. Bei Abgasturboladern ist es dagegen gelungen, diese Umsetzung in leitringlosen Turbinengehäusen zu realisieren. Dadurch verbessert sich das Durchflussverhalten der Turbine, zugleich verringert sich der Wirkungsgrad geringfügig. Die Umsetzung von kinetischer Energie in Rotationsenergie der Welle erfolgt im Turbinenrad. Das Rad ist so ausgelegt, dass am Radaustritt nahezu die gesamte kinetische Energie umgesetzt ist.

Betriebsverhalten

Einflüsse auf die Turbinenleistung

Die Turbinenleistung steigt mit zunehmendem Druckgefälle zwischen Eintritt und Austritt an, d.h., die Turbinenleistung nimmt zu, wenn sich durch eine höhere Motordrehzahl mehr Abgas vor der Turbine aufstaut. Aber auch mit zunehmender Abgastemperatur steigt die Turbinenleistung wegen des höheren Energiegehaltes des Abgases an.

Halsquerschnitt

Das Aufstauverhalten der Turbine wird vom freien Strömungsquerschnitt am Übergang vom Eintrittskanal in die Spirale, dem Halsquerschnitt, bestimmt. Verkleinert man den Halsquerschnitt, so staut die Turbine mehr Abgas auf und die Turbinenleistung nimmt infolge des höheren Druckverhältnisses zu.

Durch einen kleineren Strömungsquerschnitt kann also mehr Ladedruck erzeugt werden. Der Strömungsquerschnitt lässt sich durch Wechseln des Turbinengehäuses einfach ändern. Die meisten Turboladerhersteller bieten für jeden Turbinentyp eine ganze Palette von Turbinengehäusen an, sodass durch Variation des Strömungsquerschnittes der Ladedruck in weiten Bereichen variiert werden kann.

Durchgangsquerschnitt

Neben dem Strömungsquerschnitt des Turbinengehäuses hat auch der Durchgangsquerschnitt am Radeintritt Einfluss auf das Durchflussverhalten der Turbine. Durch Bearbeiten der Radkontur kann dieser Querschnitt, und damit der Ladedruck, beeinflusst werden (Abb. 15). Mit der Vergrößerung der Kontur

Abb. 15: Verschiedene Turbinenradkonturen

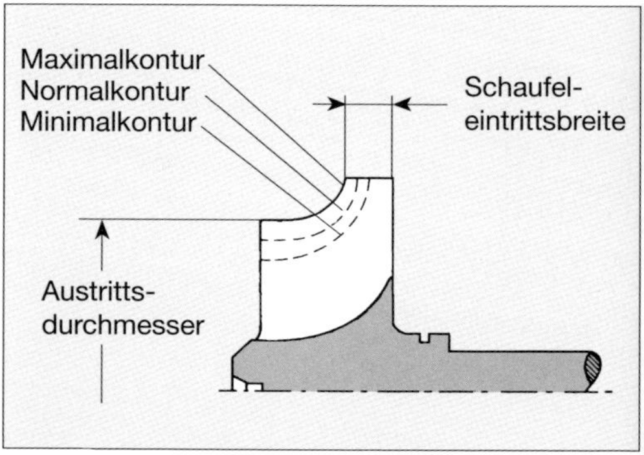

nimmt der Strömungsquerschnitt der Turbine zu. Turboladerhersteller bieten innerhalb einer Baureihe auch Turbinenräder gleichen Durchmessers mit verschiedenen Konturen an, die jeweils auf der Basis eines Turbinenradrohlings hergestellt wurden.

Variable Turbinengeometrie

Turbinen mit variabler Turbinengeometrie verändern den Strömungsquerschnitt zwischen dem Spiralkanal und dem Radeintritt. Drehbar gelagerte Leitschaufeln bzw. eine verschiebbare Hülse, die einen Teil des Querschnittes verdeckt, verändern den Durchgangsquerschnitt zum Turbinenrad.

Turbinenkennfeld

Das Betriebsverhalten von Turbinen für Abgasturbolader wird in der Praxis durch Turbinenkennfelder beschrieben. In diesen Kennfeldern ist der Durchflussparameter über dem Turbinendruckverhältnis dargestellt. Um das Durchflussverhalten allgemeingültig, d.h. unabhängig von Eintrittsdruck und Eintrittstemperatur, darstellen zu können, wird ein aus der Ähnlichkeitstheorie abgeleiteter Durchflussparameter definiert, der diese beiden Größen berücksichtigt.

Im Turbinenkennfeld (Abb. 16) sind die Durchsatzlinien (grün) und der Turbinenwirkungsgrad (rot) für verschiedene Drehzahlen

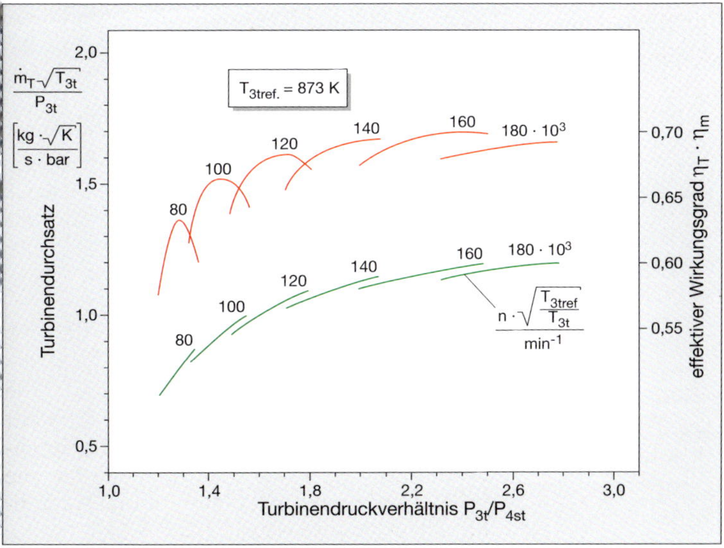

dargestellt. Zur Vereinfachung können sowohl der Verlauf des Durchflusses als auch der Wirkungsgrad durch einen mittleren Verlauf angenähert werden.

Abb. 16: Turbinenkennfeld eines Abgasturboladers

Abstimmung mit der Verdichtergeometrie

Für einen hohen Gesamtwirkungsgrad des Turboladers ist die Abstimmung von Verdichterrad- und Turbinenraddurchmesser von hoher Bedeutung. Durch die Vorgabe eines Betriebspunktes im Verdichterkennfeld ergibt sich auch eine bestimmte Laderdrehzahl. Der Turbinenraddurchmesser ist nun so abzustimmen, dass die Turbine in diesem Betriebsbereich mit höchsten Wirkungsgraden arbeitet.

Werkstoffe

Die Turbine ist während des Betriebes und nach dem Abstellen des Motors sehr hohen Temperaturen ausgesetzt. Turbinenrad und Turbinengehäuse sind daher aus Werkstoffen hergestellt, die auch bei hoher Temperatur noch ausreichend Festigkeit bieten.

Turbinenräder

Turbinenräder werden in der Regel aus Nickelbasislegierungen wie z. B. Inconel 713 und GMR 235 hergestellt. Hauptbestandteile dieser Legierungen sind Nickel und Chrom. Während GMR 235 bis zu ca. 850 °C Abgastemperatur am Turbineneintritt eingesetzt werden kann, ist Inconel bis ca. 1000 °C verwendbar. Für Temperaturen über 1000 °C werden noch höherwertige Nickelbasislegierungen eingesetzt.

Turbinengehäuse

Auch die Werkstoffe für die Turbinengehäuse sind nach Temperaturen gestaffelt. Grauguss mit Kugelgraphit GGG40 (bis 680 °C) wird heute nur noch selten eingesetzt. Für die meisten Dieselanwendungen wird GGG SiMo 5 1 (bis 760 °C) bzw. GGV SiMo 4,5 0,6 (bis 850 °C) verwendet. Nur noch selten wird bei Abgastemperaturen bis 850 °C GGG NiCrSi 20 2 2 (Niresist D2) eingesetzt. Für die meisten Turbolader für Ottomotoren mit Abgastemperaturen bis 970 °C wird GGG NiCrSi 35 5 2 (Niresist D5) verwendet. Für höchste Temperaturanforderungen bis 1050 °C, wie sie bei modernen Ottomotoren häufig gefordert sind, wird hitzebeständiger austenitischer Stahlguss verwendet.

Zwillingsstromturbinen
Die Turbine wird in den seltensten Fällen mit einem konstanten Abgasdruck beaufschlagt. Bei stoßaufgeladenen Nutzfahrzeugmotoren werden die Abgaspulsationen durch die Verwendung von Zwillingsstromturbinen nahezu ideal genutzt. Durch die Pulsationen wird kurzfristig ein höheres Druckverhältnis der Turbine erreicht. Da bei zunehmenden Druckverhältnissen der Wirkungsgrad ansteigt, verbessert sich innerhalb des wichtigen Zeitbereiches, in dem ein hoher Massenstrom durch die Turbine fließt, auch der Wirkungsgrad. Durch diese bessere Ausnutzung der Abgasenergie kann der Ladedruckverlauf und damit das Drehmomentverhalten eines Motors, insbesondere bei niedrigen Motordrehzahlen, verbessert werden.

Zwei Abgasströme

Damit sich die einzelnen Zylinder beim Ladungswechsel nicht gegenseitig beeinflussen, werden z. B. bei einem Sechszylindermotor je drei Zylinder durch eine Abgassammelleitung zusammengefasst. Durch Zwillingsstromturbinen werden die Abgasströme auch innerhalb der Turbine getrennt geführt (Abb. 17).
Im Pkw-Motor werden in der Regel einteilige Abgaskrümmer und einflutige Turbinengehäuse eingesetzt. Dadurch kann der Sammler kompakter gebaut und der Lader näher an den Zylinderkopf positioniert werden. Infolge der kleinen Rohrquerschnitte und einer Zusammenführung der Abgasleitungen erst kurz vor dem Turbineneintritt bleiben die Vorteile der pulsierenden Beaufschlagung der Turbine erhalten.

Zwillingsstromturbine im Otto-Pkw

Vermehrt wird die Zwillingsstromturbine auch im Pkw-Ottomotor eingesetzt. Von Vorteil ist das gute Drehmomentverhalten

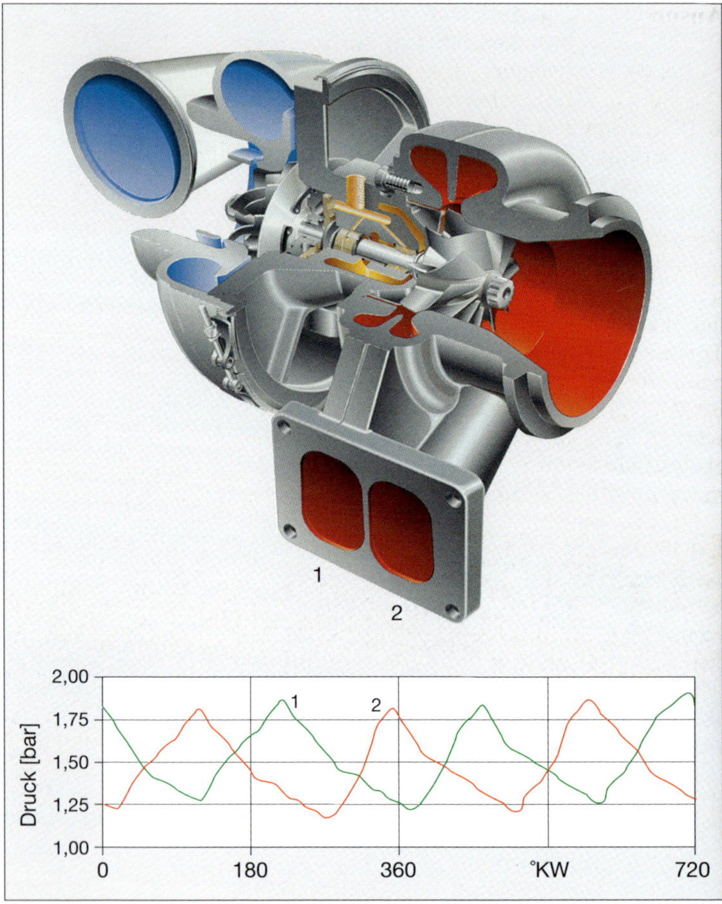

Abb. 17: Turbolader mit Zwillingsstromturbine und Druckverlauf vor der Turbine

bei niedrigerem Abgasgegendruck. Nachteilig sind die hohe thermische Belastung der Trennwand und die aufwändige Herstellung der kleinen Turbinengehäuse mit integriertem Bypass, insbesondere dann, wenn wegen der hohen thermischen Belastung Stahlguss als Gehäusewerkstoff eingesetzt wird.

Ansprechverhalten

Minimierung des Läuferträgheitsmoments

Bei Pkw-Motoren kommt dem Ansprechverhalten des Turboladers höchste Bedeutung zu. Das verzögerte Reagieren auf die Fahrpedalstellung, früher auch als »Turboloch« bezeichnet, wird häufig als Minderung des Fahrkomforts angesehen. In den letzten Jahren wurde diesem Effekt durch zunehmend kleinere Turbolader mit einem geringeren Strömungsquerschnitt und einem verminderten Trägheitsmoment des Läufers infolge kleinerer Raddurchmesser entgegengewirkt. Das geringere Trägheitsmoment des Läufers bewirkt, dass beim Hochlauf des Turboladers weniger Masse beschleunigt werden muss. Durch einen zwischen den Schaufeln ausgeschnittenen Radrücken kann das Trägheitsmoment des Turbinenrades ebenfalls verringert werden (Abb. 18).

Abb. 18: Laufzeug eines Turboladers mit einem Raddurchmesser von 45 mm

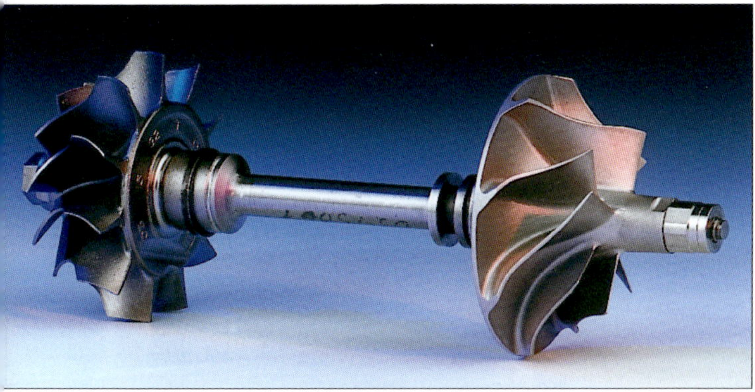

Darüber hinaus kann durch den Einsatz von variablen Turbinen das dynamische Verhalten weiter verbessert werden.

Integriertes Aufladesystem

Nahezu optimale Strömungsverhältnisse und geringe thermische Verluste weist ein integriertes Aufladesystem auf, bei dem der Abgassammler und das Turbinengehäuse als ein Teil gegossen oder durch eine Schweißverbindung

Abb. 19: Turbolader mit integriertem Blechkrümmer

integriert werden (Abb. 19). Hierdurch wird das Ansprechverhalten ebenfalls verbessert. Weitere Argumente für die integrierte Bauweise sind die Gewichtseinsparung, die bis zu 1 kg betragen kann, sowie die Möglichkeit, den aus Gründen der Sicherheit häufig dringend benötigten Freiraum zwischen Motor und Fahrgastzelle zu gewährleisten.

Alternative Werkstoffe für Turbinenräder

Sowohl keramische Turbinenräder als auch Turbinenräder aus Titanaluminid sind im Vergleich zu Rädern aus herkömmlichen metallischen Werkstoffen deutlich leichter und verbessern damit das Ansprechverhalten des Turboladers. Durch moderne keramische Werkstoffe konnten solche Turbinenräder bis zur Serienreife entwickelt werden. Keramische Werkstoffe sind jedoch sehr brüchig und können sehr leicht durch Fremdkörper zerstört werden. Auch ist die Schaufeldicke bei der Verwendung von Keramik höher, was zu Wirkungsgradeinbußen führt. Anwendungsfälle in Fahrzeugen sind daher sehr selten.

Oxidkeramische Turbinenräder

Schaufeln aus Titanaluminid

Eine ähnlich geringe spezifische Dichte wie Keramikwerkstoffe weist Titanaluminid auf. Dieser Werkstoff ist deutlich weniger bruchempfindlich und die Schaufeln sind genauso dünn wie bei der Verwendung von metallischen Werkstoffen. Der Nachteil dieses Werkstoffes ist die geringe Temperaturbelastbarkeit von maximal 950 °C, die heute einen Einsatz in der Großserie auf die Dieselanwendung beschränkt.

Wassergekühlte Turbinengehäuse

Auch sicherheitstechnische Aspekte beeinflussen die Konstruktion von Turboladern. So sind heiße Oberflächen im Maschinenraum von Schiffen wegen Brandgefahr zu vermeiden. Aus diesem Grund besitzen Turbolader für Marineanwendungen ein wassergekühltes (Abb. 20) oder ein mit einem Isolationsmaterial ummanteltes Turbinengehäuse.

Abb. 20: Turbolader mit wassergekühltem Turbinengehäuse für Marineanwendungen

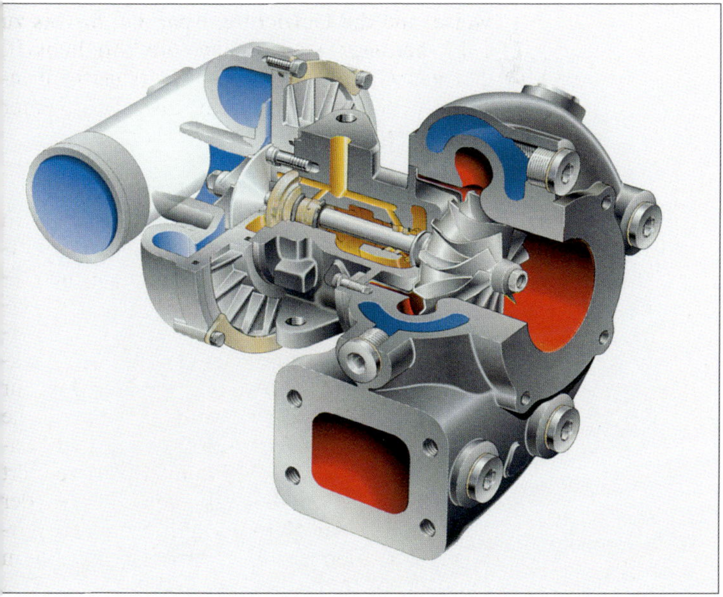

Zukünftig könnten auch Turbolader für Ottomotoren über wassergekühlte Turbinengehäuse verfügen. Bei dieser Anwendung erlaubt die Kühlung den Einsatz von günstigeren Materialien wie z. B. Aluminium. Notwendige Voraussetzung für ein zuverlässiges Bauteil ist die Optimierung des Kühlkanals im Gehäuse durch Computational Fluid Dynamics (CFD).

Regelung

An die Fahrbarkeit von Pkw-Turbomotoren werden die gleichen hohen Anforderungen gestellt, wie dies bei leistungsgleichen Saugmotoren der Fall ist. Daher soll der volle Ladedruck bereits bei niedrigen Motordrehzahlen zur Verfügung stehen. Diese Forderung ist nur in Verbindung mit einer turbinenseitigen Regelung des Ladedruckes erreichbar.

Regelung mittels turbinenseitigem Bypass

Die einfachste Form der Ladedruckregelung ist der turbinenseitige Bypass. Die Turbine wird da-

Abb. 21: Turbolader mit Ladedruckregelklappe und wassergekühltem Lagergehäuse

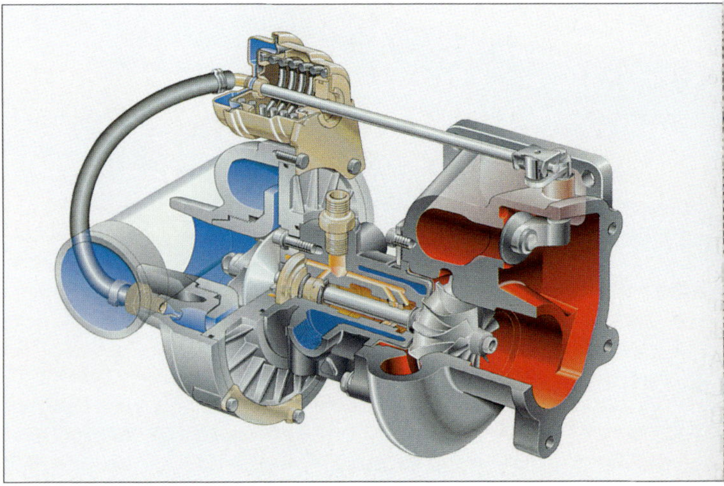

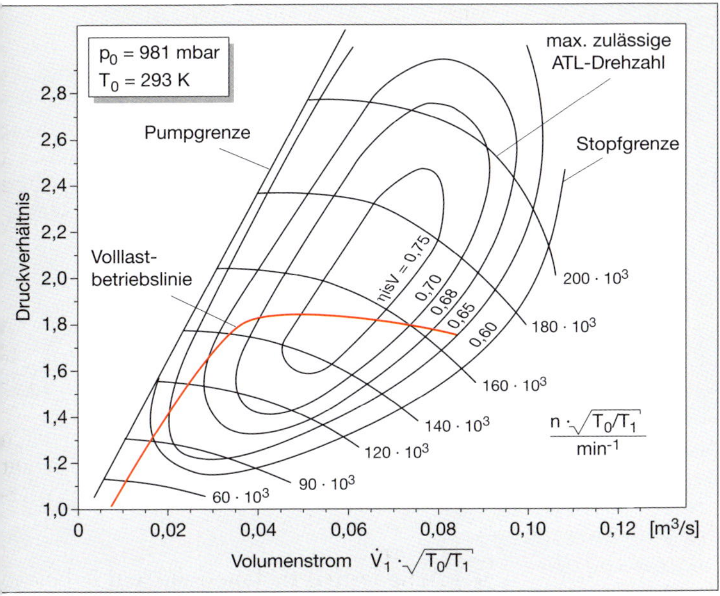

Abb. 22: Motorbetriebslinie im Verdichterkennfeld eines geregelten Turboladers (Volllast)

bei so klein gewählt, dass die Anforderungen an das Drehmomentverhalten bei niedrigen Drehzahlen erfüllt werden und eine gute Fahrbarkeit des Motors erreicht wird. Bei einer solchen Auslegung wird der Turbine kurz vor Erreichen des maximalen Drehmomentes mehr Abgas zugeführt, als für die Erzeugung des Ladedruckes notwendig ist. Deshalb wird nach dem Erreichen des erforderlichen Ladedruckes ein Teil der Abgasmenge durch einen Bypass hindurch um die Turbine herum geleitet. Die Ladedruckregelklappe, die den Bypass öffnet und schließt, wird in Abhängigkeit vom Ladedruck durch eine federbelastete Membrane angesteuert (Abb. 21). Ab einer bestimmten Motordrehzahl steigt der Ladedruck nicht mehr an (Abb. 22).

Selbstregelnde Ladedruckregelung

Bei der sehr kostengünstigen selbstregelnden Ladedruckregelung wird die durch eine zylindrische Schraubenfeder vorgespannte Membrane in der Steuerdose mit Ladedruck beaufschlagt. Sobald die Vorspannung der Feder durch den Ladedruck überwunden ist, wird die Bypassklappe mittels der Regelstange und des Verstellhebels geöffnet. Die Abgase strömen an der Turbine vorbei in die Abgasanlage.

Elektronische Ladedruckregelung

In modernen Diesel- und Ottomotoren für Pkw werden heute elektronische Ladedruckregelverfahren eingesetzt. Gegenüber der rein pneumatischen Regelung, die nur als eine Begrenzung des Volllastladedruckes wirken kann, wird durch eine flexible Ladedruckregelung auch die Einstellung des optimalen Ladedruckes bei Teillast ermöglicht. Der Ladedruck kann dabei in Abhängigkeit einer Vielzahl von Parametern wie z. B. der Ladelufttemperatur, des Zündwinkels bzw. der Einspritzparameter und der Kraftstoffqualität optimal eingestellt werden. Auch eine zeitweilige Überhöhung des Ladedruckes beim Beschleunigen (Overboost) ist möglich.

Die Betätigung der Klappe erfolgt wie bei der vorher beschriebenen selbstregelnden Ladedruckregelung. Anstelle des Ladedruckes wird die Membrane der Steuerdose mit einem modulierten Steuerdruck beaufschlagt (Abb. 23). Dieser Steuerdruck ist niedriger als der Lade-

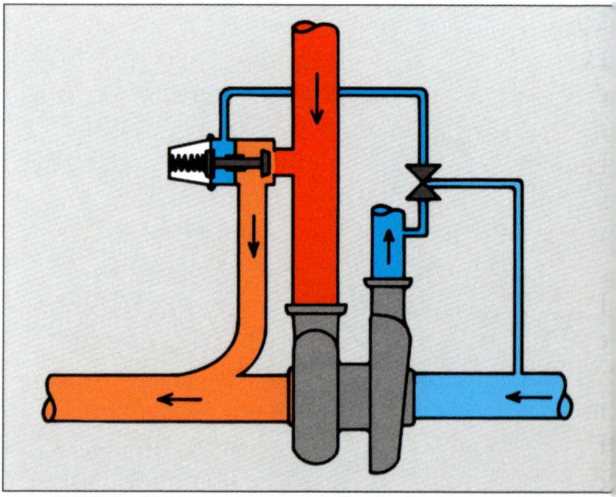

Abb. 23: Ladedruckregelung durch getakteten Steuerdruck eines aufgeladenen Ottomotors

druck und wird mit einem Taktventil erzeugt. Das Taktventil beaufschlagt die Membrane mit dem Ladedruck und dem Druck am Verdichtereintritt zu unterschiedlichen Zeitanteilen. Das Taktventil wird von der Motorelektronik angesteuert und arbeitet mit einer Taktfrequenz von 10 bis 15 Hz. Die Federvorspannung ist gegenüber der herkömmlichen Steuerung wesentlich geringer, um auch bei Teillastbetrieb des Motors, also bei weit geringeren Ladedrücken, regeln zu können. Für Dieselmotoren wird die elektronische Ladedruckregelung auch mit Unterdruck durchgeführt.

Verstellbare Turbinengeometrie

Die bisher dargestellten Ladedruckregelverfahren regeln die Turbinenleistung, indem ein Teil der Abgasmenge um die Turbine herum geleitet wird. Die verstellbare Turbinengeometrie ermöglicht es, den Strömungsquerschnitt der Turbine in Abhängigkeit des Motorbetriebspunktes zu verstellen. Dadurch wird die gesamte Abgasenergie genutzt, und der Strömungsquerschnitt der Turbine kann für jeden Betriebspunkt optimal eingestellt werden, sodass gegenüber der Bypassregelung der Wirkungsgrad des Turboladers und damit der des Motors verbessert wird.

Verstellung des Strömungsquerschnittes durch drehbare Leitschaufeln: VTG

Die verstellbare Turbinengeometrie (VTG) mit drehbaren Leitschaufeln ist heute bei modernen Pkw-Dieselmotoren Stand der Technik. Die ständige Anpassung des Turbinenquerschnittes an den Fahrzustand des Motors bewirkt eine Verminderung des Verbrauches und der Emissionen. Das bereits bei niedrigen Drehzahlen hohe Drehmoment des Motors und eine sorgfältig abgestimmte Regelstrategie bewirken eine spürbare Verbesserung des dynamischen Fahrverhaltens.

Die drehbar gelagerten Leitschaufeln zwischen dem Spiralgehäuse und dem Turbinenrad ver-

Abb. 24: Turbinenrad und verstellbare Leitschaufeln eines Turboladers mit verstellbarer Turbinengeometrie (VTG)

ändern das Aufstauverhalten und damit die Leistung der Turbine (Abb. 24). Dabei kann der Durchsatzbereich der Turbine im Verhältnis von 1:4 bei guten Wirkungsgraden variiert werden. Bei niedrigen Motordrehzahlen wird der Strömungsquerschnitt der Turbine durch Schließen der Leitschaufeln verkleinert. Der Ladedruck und folglich das Drehmoment des Motors steigen in Folge des höheren Druckgefälles zwischen Turbineneintritt und -austritt an. Bei hohen Motordrehzahlen öffnen die Schaufeln. Der gewünschte Ladedruck wird bei einem niedrigen Turbinendruckverhältnis erreicht, der Verbrauch des Motors wird verringert. Während der Fahrzeugbeschleunigung aus niedrigen Drehzahlen werden die Leitschaufeln geschlossen, um die maximale Energie aus dem Abgas zu gewinnen. Mit zunehmender Drehzahl öffnen die Schaufeln und passen sich an den jeweiligen Betriebspunkt an.

Ansteuerung der Leitschaufeln

Die Ansteuerung der Leitschaufeln erfolgt heute elektronisch mit Unterdrucksteuerdosen und Taktventilen. Zukünftig werden vermehrt elektrische Aktuatoren mit Positionsrückmeldung verwendet werden, die eine exakte und äußerst flexible Regelung des Ladedrucks ermöglichen.

Die Abgastemperatur moderner Hochleistungs-Dieselmotoren beträgt heute bis zu 860 °C. Das exakte und zuverlässige Bewegen der Leitschaufeln im heißen Abgasstrom stellt hohe Anforderungen an die Werkstoffe und erfordert eine sehr sorgfältige Abstimmung der Toleranzen innerhalb der Turbine. Die Leitschaufeln benötigen unabhängig von der Größe des Laders ein Mindestmaß an Spiel, um während der gesamten Lebensdauer des Fahrzeuges zuverlässig zu arbeiten. Mit kleiner werdenden Turboladern steigen folglich die Strömungsverluste in der Turbine an und der Wirkungsgrad sinkt. Entwicklungsziel ist es daher, diese Einsatzgrenzen der VTG so weit wie möglich zu kleinen Turboladern zu verschieben.
Alternativen zur VTG wie eine Turbine mit verstellbarer Schiebehülse (VST) oder ähnliche einfachere Konstruktionen konnten sich bisher im Markt nicht durchsetzen.

Zweistufige geregelte Aufladung
Die Entwicklungsziele moderner aufgeladener Pkw- und Nutzfahrzeugmotoren machen weiterentwickelte Aufladesysteme notwendig. Die Auslegung eines solchen Aufladesystems im Hinblick auf die Nennleistung des Motors einerseits und das Instationärverhalten und den Bereich des maximalen Drehmoments andererseits führt zu einem Zielkonflikt: Für den Nennleistungspunkt benötigt man einen relativ großen Turbolader, für sehr hohen Ladedruck bereits bei geringen Motordrehzahlen müssen die Turbine und der Verdichter hingegen deutlich kleiner sein. Diesen Zielkonflikt löst die zweistufige geregelte Aufladung (Abb. 25). Sie ermöglicht für jeden Motorbetriebspunkt eine stufenlos variable Anpassung der Turbinen- und Verdichterseite.

Zwei Turbolader in Reihe

Die zweistufige geregelte Aufladung wird durch eine Reihenschaltung zweier – unter-

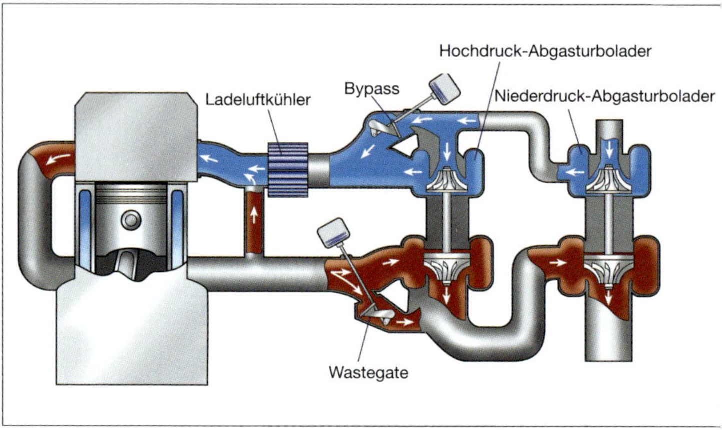

Abb. 25: Schemadarstellung der zweistufigen geregelten Aufladung (R2S™)

schiedlich großer – Turbolader mit einer Bypassregelung und idealerweise einem zweiten Ladeluftkühler realisiert. Der von den Zylindern kommende Abgasmassenstrom strömt zunächst in den Abgassammler. Von hier aus besteht die Möglichkeit, entweder den gesamten Abgasmassenstrom über die Hochdruckturbine zu expandieren oder einen Teilmassenstrom über den Bypass umzuleiten. Der gesamte Abgasmassenstrom wird dann nochmal von der nachgeschalteten Niederdruckturbine genutzt. Der Frischluftmassenstrom wird zunächst durch die Niederdruckstufe vorverdichtet und idealerweise zwischengekühlt. In der Hochdruckstufe erfolgt anschließend eine weitere Verdichtung und Ladeluftkühlung. Aufgrund der Vorverdichtung arbeitet der kleine Hochdruckverdichter auf einem höheren Druckniveau, sodass er den erforderlichen Luftmassenstrom durchsetzen kann. Bei kleinen Motordrehzahlen, d. h. kleinen Abgasmassenströmen, bleibt der Bypass vollständig geschlossen und der gesamte Massenstrom expandiert über die Hochdruckturbine. Dadurch ergibt sich ein sehr schneller und hoher Ladedruckaufbau. Mit zunehmender Motordrehzahl wird die Expansionsarbeit kontinuierlich zur Niederdruckturbine verlagert, indem der Bypassquerschnitt entsprechend vergrößert wird.

Registeraufladung

Neben zweistufigen geregelten Aufladesystemen kommt in begrenztem Umfang im Pkw-Bereich auch die so genannte Registeraufladung zum Einsatz. Im Unterschied zur zweistufigen Aufladung sind die beiden Turbolader parallel und nicht in Reihe geschaltet. Zwar lässt sich auch das Motordrehmoment bei niedrigen Drehzahlen positiv beeinflussen, die Erhöhung der Nennleistung ist jedoch begrenzt.

Zwei Turbolader parallel

Lagerung

Langlebigkeit bei höchster Beanspruchung

Der Läufer eines Turboladers dreht mit bis zu 300 000 Umdrehungen pro Minute. Die Lebensdauer des Laders soll dabei der des Motors entsprechen, welche für ein Nutzfahrzeug mit bis zu einer Million Kilometer angesetzt wird. Nur speziell für Turbolader entwickelte Gleitlagerungen sind heute in der Lage, diese hohen Anforderungen kostengünstig zu erfüllen.

Radiallagerung

Gleitlagerung …

Bei einer Gleitlagerung dreht sich die Welle verschleißfrei auf einem Ölfilm innerhalb der Gleitlagerbuchse. Im Fall des Turboladers erfolgt die Ölversorgung aus dem Motorölkreislauf. Die Lagerung ist so aufgebaut, dass sich zwischen dem stehenden Lagergehäuse und der drehenden Welle eine mit etwa halber Wellendrehzahl mitrotierende Schwimmbuchse aus Messing befindet. Dadurch ist es möglich, die Lagerung dieser schnell drehenden Wellen so abzustimmen, dass es in keinem Betriebspunkt zu einer Festkörperberührung zwischen Welle und Lagerung kommt (Abb. 26).

… mit Schmier- und Dämpfungsfunktion

Der Ölfilm in den Lagerspalten hat neben der Schmierfunktion auch eine Dämpfungsfunktion, die zu einer stabilen Wellenbahn des Läufers beiträgt. Durch die Spaltbreiten werden die hydrodynamische Tragfähigkeit und das Dämpfungsverhalten der Lagerung optimiert. Die Schmierfilmdicke in den Innenspalten wird dazu unter dem Gesichtspunkt der Tragfunktion ausgelegt, während die Außenspalte im Hinblick auf die Dämpfung der Lagerung ausgelegt wird. Die Lagerspalte betragen nur wenige Hundertstelmillimeter. Mit zunehmender Spaltbreite wird die Dämpfung weicher und die Tragfähigkeit geringer.

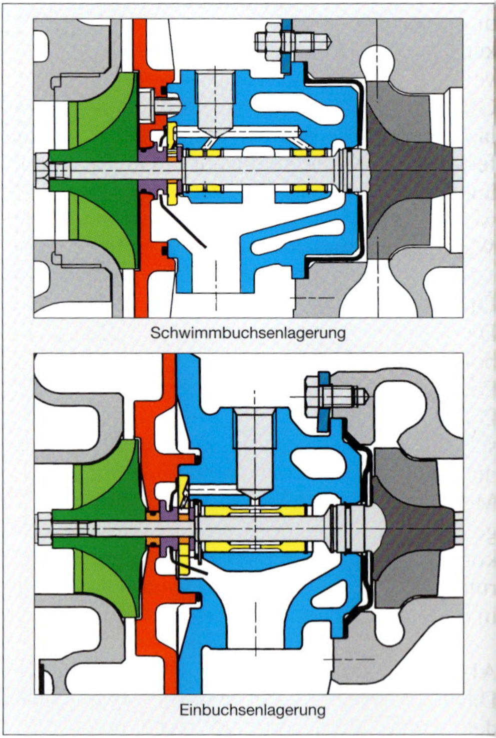

Abb. 26: Vergleich von Schwimmbuchsenlagerung und Einbuchsenlagerung

Eine besondere Form der Gleitlagerung stellt die Einbuchsenlagerung dar (Abb. 26). Die Welle dreht sich innerhalb einer stehenden Buchse, die von außen mit Öl umspült wird. Dabei kann der äußere Spalt speziell auf die Lagerdämpfung ausgelegt werden, da keine Drehbewegung stattfindet. Der so mögliche geringere Lagerabstand führt zu einer kompakten Bauweise des Turboladers.

Axiallagerung

Weder die Schwimmbuchsenlagerung noch die Einbuchsenlagerung nehmen Kräfte in axialer Richtung auf. Durch die unterschiedlich hohen Gaskräfte, die auf das Verdichterrad und das Turbinenrad in axialer Richtung wirken, würde der Läufer in axialer Richtung verschoben. Das Axiallager, ein Keilflächen-Gleitlager, nimmt diese Kräfte auf. Als Anlaufflächen dienen zwei kleine Scheiben, die fest auf der Welle verspannt sind. Das Axiallager ist im Lagergehäuse fixiert. Ein Ölabweisblech verhindert, dass Öl in die Nähe der Wellenabdichtung gelangt.

Keilflächen-Gleitlager

Ölablauf

Das Schmieröl strömt mit ca. 4 bar in den Turbolader. Der Ölablauf erfolgt nahezu drucklos. Die Leitung muss daher wesentlich größer im Durchmesser sein als der Ölzulauf. Das Lager soll möglichst senkrecht von oben nach unten durchströmt und der Ölablauf oberhalb des Motorölspiegels in das Kurbelgehäuse zurückgeführt werden. Wird der Ölablauf behindert, kommt es zu einem Ölrückstau in der Lagerung. Das Öl strömt dann durch die Dichtringe in den Verdichter und in die Turbine.

Abdichtung

Das Lagergehäuse ist gegen die heißen Abgase der Turbine, die sonst in das Lagergehäuse strömen könnten, und gegen Ölverlust aus dem Lagergehäuse abzudichten. Turbinen- und verdichterseitig befindet sich je ein Kolbenring in einer Nut auf der Läuferwelle (Abb. 26). Diese Kolbenringe drehen sich nicht mit, sondern sind im Lagergehäuse fest verspannt. Diese berührungslose Art der Abdichtung, eine Art von Labyrinthdichtung, erschwert die Ölleckage durch die vielen Strömungsumlenkungen und bewirkt, dass nur geringe Abgasmengen in das Kurbelgehäuse gelangen.

Berührungslose Abdichtung

Thermische Belastung der Lagerung

Durch den geringen Abstand zwischen dem Lagergehäuse und dem heißen Turbinengehäuse fließt Wärme in das Lagergehäuse und kann dort das Öl so weit aufheizen, dass es zur Verkokung kommt. Die Ölkohle schlägt sich auf den Lagerbuchsen nieder und lagert sich in den Abdichtungen ab. Bei größeren Mengen von Ölkohle könnten die Ölkanäle verstopfen. Mangelschmierung und Festkörperreibung würden dann zu einem erhöhten Verschleiß der Lagerung führen.

Hitzeschild und Spritzölkühlung

Durch den Hitzeschild hinter dem Radrücken der Turbine wird der Kontakt zwischen den heißen Abgasen und dem Lagergehäuse weitgehend vermieden. Bei einigen Ausführungen wird während des Motorbetriebes Öl durch eine kleine Spritzölbohrung im Lagerstuhl des turbinenseitigen Lagers auf die Welle des Läufers gespritzt. Dieses Spritzöl kühlt die Welle und mindert die Verkokungsgefahr.

Temperaturmaximum nach dem Abschalten des Motors

Die höchsten Temperaturen im Lagergehäuse treten kurz nach dem Abstellen des Motors auf. Das heiße Turbinengehäuse heizt die Lagerung auf, die nun nicht mehr durch das Motoröl gekühlt wird.

Thermische Entkopplung
Durch die thermische Entkopplung des rechten Lagerstuhls wird die Wärmeeinleitung vom Turbinengehäuse in die Lagerung – auch während des Motorstillstandes – verringert. Hierzu wird die gesamte Lagerung, wie ein Triebwerk unter einem Tragflügel eines Flugzeuges, unterhalb der Ölzufuhr angebunden. Der rechte Lagerstuhl ist nicht mehr an die heiße Seite des Lagergehäuses angebunden. Somit wird die Wärmezufuhr in das Lager erschwert.

Wasserkühlung
Für Ottomotoren, bei denen die Abgastemperaturen noch 200 bis 300 °C höher liegen als bei Dieselmotoren, werden meist wassergekühlte Lagergehäuse eingesetzt (siehe Abb. 21). Während des Motorbetriebes ist das Lagergehäuse in den Kühlkreislauf des Motors integriert. Nach dem Abstellen wird die Stauwärme mittels eines kleinen Kühlkreislaufes abgeführt, der von einer thermostatisch geregelten elektrischen Wasserpumpe angetrieben wird.

Umluftventil

Bei aufgeladenen Ottomotoren ist die Drosselklappe, mit der die Motorlast vorgegeben wird, hinter dem Verdichter im Luftsammler angebracht. Bei einer plötzlichen Gaswegnahme würde sich die Drosselklappe schließen und der Verdichter infolge seiner Massenträgheit Luft gegen ein nahezu geschlossenes Volumen fördern. Dies hätte zur Folge, dass der Verdichter anfangen würde zu pumpen. Die Drehzahl des Turboladers würde sehr schnell abnehmen.

Druckabbau bei geschlossener Drosselklappe

Im Umluftventil öffnet ab einem bestimmten Unterdruck oder elektrisch angesteuert ein federbelastetes Ventil, das die Luft zum Verdich-

Abb. 27: Umluftventil für aufgeladene Otto-motoren

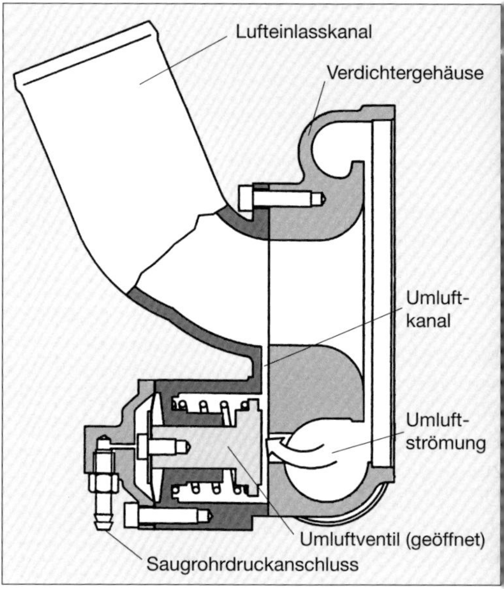

tereintritt zurückführt (Abb. 27). Die Drehzahl des Turboladers bleibt auf hohem Niveau, und bei einem anschließenden Beschleunigungsvorgang steht sofort wieder Ladedruck zur Verfügung.

Vom Lastenheft zur Serienreife

Entwicklung

Die Entwicklung des Turboladers folgte stets den Erfordernissen des Marktes und hat daher ebenso wie der Verbrennungsmotor einen hohen technischen Stand erreicht. Sie ist aber längst noch nicht abgeschlossen. Durch die Weiterentwicklung der Abgasturboladertechnik sind auch in Zukunft Verbesserungen des Motorbetriebsverhaltens hinsichtlich Leistung, Kraftstoffverbrauch und Schadstoffemission zu erwarten.

Durch die verschiedenen Anforderungen an den Turbolader bezüglich Kennfeldhöhe, Kennfeldbreite, Wirkungsgradverhalten, Trägheitsmoment des Läufers und Einsatzbedingungen entstehen für die unterschiedlichen Motoranwendungen stets neue Typen von Verdichtern und Turbinen. Auch können regional unterschiedliche gesetzliche Bestimmungen, z. B. über die Schadstoffemissionen, zu unterschiedlichen technischen Lösungen führen.

Gestaltung und Optimierung am Computer

Den größten Einfluss auf das Betriebsverhalten von Turboladern haben das Verdichter- und das Turbinenrad. Diese Räder werden mithilfe von Computerprogrammen gestaltet, die die Strömung der Luft bzw. der Abgase dreidimensional berechnen. Mit der Finite-Elemente-Methode (FEM) wird simultan die Festigkeit des Rades optimiert (siehe Abb. 13) und die Lebensdauer anhand realistischer Fahrzyklen berechnet. Die gefundene Lösung wird mit CAD-Programmen dargestellt. Numerisch gesteuerte 5-Achsen-Fräsmaschinen erstellen die ersten Prototypen auf der Basis von CAD-Datensätzen.

Trotz der heute weit entwickelten Computertechnik und der detaillierten Rechenprogramme entscheidet letztendlich der Versuch über die Güte der neuen Strömungskomponenten. Die Feinabstimmung und schließlich die Kontrolle der Ergebnisse erfolgt daher auf dem Turboladerprüfstand. Anschließend fließen die neuen Komponenten in die Turboladerbaureihen ein.

Feinabstimmung am Prüfstand

Anpassung

Die wichtigsten Elemente des Turboladers sind Turbine und Verdichter. Beides sind Strömungsmaschinen, die man mithilfe der Modellgesetze in unterschiedlichen Größen mit ähnlichen Eigenschaften herstellen kann. Durch Vergrößern und Verkleinern entsteht das Turboladerbauprogramm, das für unterschiedliche Motorgrößen stets die optimale Turboladergröße zur Verfügung stellen kann. Die Übertragbarkeit auf andere Baugrößen ist jedoch begrenzt, da sich nicht alle Eigenschaften modellähnlich umsetzen lassen. Auch ändern sich mit der Motorgröße die Anforderungen so stark, dass nicht mehr die gleichen Rad- und Gehäusegeometrien verwendet werden können.

Individuelle Lader durch Baukastensystem

Die Modellähnlichkeit und das Baukastensystem ermöglichen es aber, dass für nahezu jeden Motor ein individuell zugeschnittener Turbolader entwickelt werden kann. Dies beginnt mit der Auswahl eines geeigneten Verdichters anhand des gewünschten Ladedruckverlaufes. Dabei sollte im Idealfall die Volllastlinie so verlaufen, dass der Verdichterwirkungsgrad im Hauptfahrbereich des Motors am höchsten ist. Der Abstand zur Pumpgrenze sollte noch ausreichend groß bemessen sein.

Die thermodynamische Anpassung des Turboladers erfolgt anhand von Massen- und Energiebilanzen. Die vom Verdichter geförderte

Freilaufbedingung

Luft und der dem Motor zugeführte Brennstoff ergeben den Turbinenmassenstrom. Die Turbinenleistung und die Verdichterleistung sind im stationären Betrieb gleich groß (Freilaufbedingung). Die Anpassungsrechnung erfolgt iterativ mithilfe von Verdichter- und Turbinenkennfeldern sowie den wichtigsten Motordaten.

Eine sehr genaue Anpassungsrechnung lässt sich durch die rechnerische Simulation von Motor und Turbolader durch Computerprogramme erreichen. Solche Programme enthalten Massen-, Energie- und Stoffbilanzen für alle Zylinder und die daran angeschlossenen Leitungen. Der Turbolader geht in Form von Kennfeldern in die Berechnungen ein. Darüber hinaus beinhalten solche Programme eine Reihe von empirischen Gleichungen zur Beschreibung von Zusammenhängen, die analytisch nur sehr schwierig zu erfassen sind. Besonders interessant ist die rechnerische Simulation für die Berechnung von komplexen Aufladesystemen mit mehreren Turboladern und zusätzlichen Laderkomponenten. Weil die Simulation selbst auf einer Reihe von Annahmen beruht, kann sie nur als Vorbereitung oder als Ergänzung zum Versuch angesehen werden.

Für Fahrzeugmotoren ist eine einfache Anpassungsrechnung zur Ermittlung des passenden Verdichters und der zugehörigen Turbine meist ausreichend genau. Da der Turbolader nach einem Baukastenschema aufgebaut ist, kann der gewünschte Ladedruck durch Wechseln einzelner Komponenten des Turboladers wie z. B. des Turbinen- oder Verdichtergehäuses im Motorversuch wesentlich schneller erreicht werden.

Konstruktive Anpassung an den Motor

Neben der thermodynamischen Betrachtung ist auch eine konstruktive Anpassung aller Anschlüsse an den Motor erforderlich. Dabei sind die meist engen Einbauverhältnisse im Motorraum zu berücksichtigen. Nach der Auswahl

Abb. 28: CAD-Modell eines Turboladers für die Nutzfahrzeuganwendung

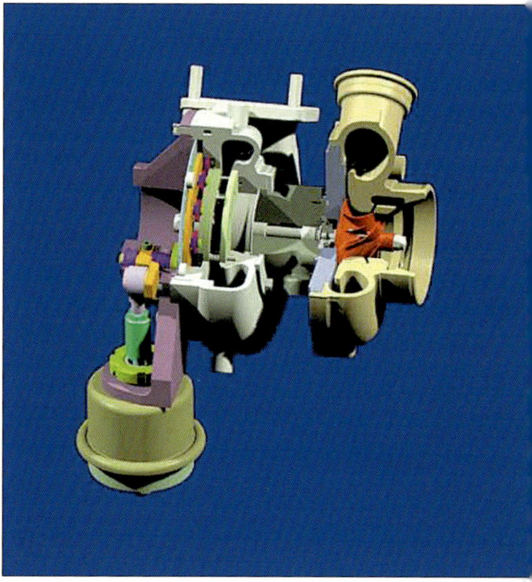

des Verdichters und der Turbine sowie der Erstellung der Einbauzeichnung kann der Kunde mittels CAD-Datensatz den Turbolader in die Motor- und Fahrzeugzeichnungen integrieren (Abb. 28).

Erprobung

Umfangreiches Testprogramm

Ein Turbolader muss mindestens so zuverlässig arbeiten und so lange halten wie der Motor. Das erwartet der Käufer eines Fahrzeuges vom Hersteller und der Hersteller des Fahrzeuges von seinem Zulieferer. Bevor ein Turbolader für den Serieneinsatz freigegeben wird, hat er eine Reihe von Tests zu absolvieren. Dieses Testprogramm umfasst die Erprobung einzelner Komponenten des Turboladers, Versuche auf dem Turboladerprüfstand sowie eine Erprobung am Motor. Aus diesem umfangreichen Erprobungsprogramm sollen einige Tests beispielhaft dargestellt werden.

Containment-Test

Gehäusesicherheit

Im Falle eines Verdichter- bzw. Turbinenradberstens dürfen die Reste des betreffenden Rades das Verdichter- bzw. Turbinengehäuse nicht durchschlagen. Dazu wird der Läufer auf so hohe Drehzahlen beschleunigt, bis das jeweilige Rad zerbirst. Nach dem Bersten werden die Gehäuse hinsichtlich ihrer Containment-Sicherheit beurteilt. Die Berstdrehzahl liegt ca. 50 % über der maximal zulässigen Drehzahl.

Low-Cycle-Fatigue-Test (LCF-Test)

Belastungsgrenze des Laufrades

Der LCF-Test ist eine Wechsellastprüfung des Verdichter- oder Turbinenrades, die bis zur Zerstörung des Bauteiles führt. Er dient zur Feststellung der Materialbelastungsgrenzen von Laufrädern. In einem Schleuderprüfstand eingespannt, wird das Verdichter- bzw. das Turbinenrad durch einen Elektromotor zyklisch bis zur vorgegebenen Umfangsgeschwindigkeit beschleunigt und verzögert. Aus den erzielten Ergebnissen, der Bauteil-Wöhlerkurve, lässt sich die Lebensdauererwartung für jedes beliebige Lastkollektiv berechnen.

Regelklappenprüfung

Dauerbelastbarkeit

Bei der Regelklappenprüfung wird die Dauerbelastbarkeit der metallischen Bauteile und der Membrane getestet. Dabei wird der reale Belastungsfall in Hubrichtung und senkrecht dazu auf einem Brennkammerprüfstand simuliert (Abb. 29). Die Bauteile müssen 1,5 Millionen Lastwechsel ohne Schädigung überstehen. Dies entspricht etwa dem Doppelten der geforderten Lebensdauer im realen Fahrzyklus.

Rotordynamikmessung

Der Läufer wird durch die pulsierende Beaufschlagung der Turbine, durch die eigene Restunwucht und durch die mechanischen Schwin-

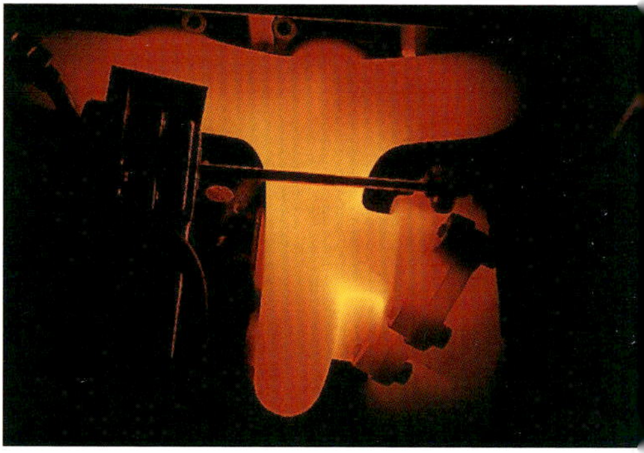

Abb. 29: Die Ladedruckregelklappe ist im Fahrbetrieb hohen thermischen und mechanischen Belastungen ausgesetzt. Bei der Regelklappenprüfung werden diese Belastungen am Prüfstand simuliert.

gungen des Motors in seiner Drehbewegung beeinflusst und selbst zu Schwingungen angeregt. Dadurch können innerhalb des Lagerspiels größere Auslenkungen auftreten, die – insbesondere wenn zu niedrige Schmieröldrücke und zu hohe Öltemperaturen hinzukommen – zu Instabilitäten führen. Im ungünstigsten Fall kommt es zur Festkörperberührung und zum mechanischen Verschleiß.

Auslenkungen des Läufers

Die Wellenbahn des Läufers wird durch berührungslos arbeitende Messwertaufnehmer im Saugstutzen des Verdichters nach einem Wirbelstromverfahren gemessen und aufgezeichnet. Die Auslenkung des Rotors darf unter allen Bedingungen und in allen Betriebspunkten nicht mehr als 80 % des maximal möglichen Wertes betragen. Die Wellenbahn darf keine Instabilitäten aufweisen.

Turbinenschaufel-Schwingungsmessung

Mit diesem Messverfahren werden die dynamischen Belastungen der Turbinenschaufeln im Motorbetrieb bei höchsten Temperaturen erfasst. Als Messwertaufnehmer dienen Hochtemperatur-Dehnungsmessstreifen, die an den Stellen maximaler Beanspruchung auf den Turbinenschaufeln angebracht werden. Die Messwertsignale werden mit einem kleinen mitrotierenden Telemetriesystem vom Turbolader auf die Messgeräte übertragen. Bei bestimmten Drehzahlen können die Schaufeln in Resonanzschwingungen geraten und dadurch die Betriebssicherheit des Turboladers gefährden. Um das Risiko von zu hohen dynamischen Beanspruchungen der Turbinenschaufeln auszuschließen, werden alle Baugrößen hinsichtlich ihres Schwingungsverhaltens untersucht und optimiert.

Resonanzdrehzahlen der Schaufeln

Dichtheitstest der Kolbenringe

Im realen Fahrbetrieb darf das Schmieröl weder in den Verdichter noch in die Turbine gelangen. Beides wird überprüft. Dazu wird der Turbolader mit dem Motor auf einem Motorprüfstand in allen auftretenden Last- und Drehzahlpunkten getestet.

Prüfungen des Laders am Motor

Für die Untersuchung des verdichterseitigen Kolbenringes wird am Verdichtereintritt stufenweise ein Unterdruck erzeugt, wie er in der Realität durch einen verschmutzten Luftfilter entstehen könnte. In allen Betriebspunkten darf bis zu einem bestimmten Unterdruck keine Verölung des Verdichters auftreten.

Für die Untersuchung des turbinenseitigen Kolbenringes wird im Kurbelgehäuse des Motors stufenweise ein Überdruck aufgebaut, wie er durch eine verstopfte Entlüftung auftreten könnte. Auch hier darf es bis zu einem Grenzwert zu keiner Verölung kommen.

Start-Stopp-Test

Das Temperaturgefälle im Turbolader beträgt zwischen den Gasen der heißen Turbinenseite und dem kalten Verdichtereintritt auf einer Strecke von nur wenigen Zentimetern bis zu 1000 °C. Während des Motorbetriebes kühlt das durch das Lager fließende Schmieröl das Lagergehäuse, sodass keine kritischen Bauteiltemperaturen auftreten. Nach dem Abstellen des Motors, insbesondere aus hohen Lastpunkten, kann es im Lagergehäuse zu Hitzestaus kommen, die zu einer Verkokung des Schmieröls führen können. Daher ist es wichtig, die maximal auftretenden Bauteiltemperaturen an den kritischen Stellen festzustellen, um die Lack- und Ölkohlebildung an der turbinenseitigen Lagerstelle und am Kolbenring zu vermeiden.

Maximale Bauteiltemperaturen

Nach dem Abstellen des Motors aus einem Volllastbetriebspunkt wird das Aufheizen des Turboladers gemessen. Nach einer festgelegten Anzahl von Zyklen werden die Bauteile des Turboladers untersucht. Nur wenn die maximal zulässigen Bauteiltemperaturen nicht überschritten wurden und sich keine nennenswerten Mengen von Ölkohle im Lager befinden, gilt dieser Test als bestanden.

Dauererprobung im Zyklustest

Verschleißrate

Die Überprüfung sämtlicher Bauteile und die Ermittlung der Verschleißrate erfolgt im Zyklustest. Der Turbolader wird dazu am Motor im Dauerlauf in den verschiedensten Lastpunkten betrieben. Die Verschleißraten werden durch detaillierte Vermessung der Einzelteile vor und nach dem Versuch ermittelt.

Fertigung von Abgasturboladern

Die Funktionsweise und die Einsatzbedingungen des Turboladers stellen außergewöhnlich hohe Anforderungen an die Fertigungsgenauigkeit. Neben einer sehr genauen Maßhaltigkeit der Bauteile werden sehr große Anforderungen an die Konzentrizität und die Planparallelität der Bauteile gestellt. Da der Läufer sich mit einer sehr hohen Drehzahl innerhalb von vier miteinander verschraubten Gehäuseteilen (Lagergehäuse, Turbinengehäuse, Verdichterrückwand, Verdichtergehäuse) dreht, würden Abweichungen von nur wenigen Tausendstelmillimetern zur Schädigung der Lager und im Extremfall zum Anstreifen des Läufers und zum Ausfall des Turboladers führen.

Maßhaltigkeit, Konzentrizität und Planparallelität

Der Fertigungsprozess von Turboladern ist in den vergangenen 50 Jahren stetig verfeinert worden. Im Rahmen dieses Buches kann er nur grob skizziert werden. Auf das Fertigungs-Know-how, das den Turbolader zu einem zuverlässigen und langlebigen Produkt gemacht hat, kann nur punktuell eingegangen werden.

Fertigung des Läufers

Gießen der Turbinenräder

Turbinenräder bestehen aus einer hochwarmfesten Nickellegierung, die im Vakuum erschmolzen und vergossen wird. Die dazu benötigten keramischen Schalenformen werden nach dem Wachsausschmelzverfahren hergestellt. Für jedes fertige Turbinenrad ist daher ein 1:1-Wachsmodell erforderlich. Mehrere solcher Modelle werden zu »Gießtrauben« zusammengeklebt. Durch mehrmaliges Tauchen in einen Keramikschlicker mit anschließendem Besanden entsteht um die Gießtrauben eine 6 bis 10 mm dicke feuerfeste Keramikschale. Nach dem Trocknen

Abb. 30: Turbinenradrohlinge nach dem Gießen

und Abbinden der Keramikschale werden die Wachsmodelle ausgeschmolzen und die Formen gebrannt. Der Abguss erfolgt durch Gießen in die heißen Formen. Nach dem Erkalten und Ausschlagen werden die Gussstücke abgetrennt und bearbeitet (Abb. 30).

Reibschweißen

Das Turbinenrad wird durch Reibschweißen mit der Welle verbunden. Dazu werden die Welle und ein Schwungrad auf eine Drehzahl von mehr als 1000 Umdrehungen pro Minute beschleunigt. Dann wird der Schwungradantrieb ausgekuppelt und die Welle definiert ge-

Abb. 31: Reibschweißen des Turbinenrades und der Welle

gen das Turbinenrad gepresst (Abb. 31). Durch die Reibung erhitzen sich beide Teile an der Schweißstelle so stark, dass sie sich verbinden. Immer häufiger kommen aber auch neue Verfahren wie das Elektronenstrahlschweißen bei der Verbindung des Turbinenrads mit der Welle zum Einsatz. Die Vorteile dieser neuen Verfahren liegen in der nochmals gesteigerten Prozesssicherheit und auch in der Wirtschaftlichkeit der Herstellung.

Spannungsfreiglühen

Nach dem Reibschweißen erfolgen das Spannungsfreiglühen und die Bearbeitung der Welle. Nach dem Härten der Lagerstellen wird der Turbinenrotor nochmals einer Wärmebehandlung unterzogen. Die Bearbeitung der Welle auf die endgültigen Abmessungen erfolgt durch Schleifen. In diesem Fertigungsprozess werden besonders hohe Anforderungen an die Maßhaltigkeit und den Rundlauf der Welle gestellt. Das Toleranzband beträgt nur wenige Tausendstelmillimeter. Weiterhin wird die Turbinenradkontur geschliffen, der Einstich für den Kolbenring eingebracht und das Gewinde gerollt. Der fertig bearbeitete Rotor wird auf speziellen Maschinen ausgewuchtet.

Schleifen der Welle

Auswuchten des Rotors

Fertigung des Verdichterrades

Der Herstellungsprozess des Verdichterrades beginnt mit dem Urmodell, das nach einem CAD-Datensatz auf einer Fünfachsen-Fräsmaschine hergestellt wurde. Von dieser Positivform wird die Urmatrize, eine Hohlform aus einem Metall-Kunstharz-Gemisch, hergestellt. Von dieser Urmatrize wird dann über eine Zwischenstufe ein Arbeitsmodell aus Gummi hergestellt. Dieses Gummimodell wird auf eine Stammplatte montiert und außen von einem Formkasten umgeben (Abb. 32), in den Gips gegossen wird. Nach dem Trocknen des Gipses wird das Gummimodell drehend herausgezogen. Die Gipsform wird zwischen

Abb. 32: Gießprozess des Verdichterrades

Abb. 33: Station zur Auswuchtung von Verdichterrädern

Platten auf ein Gießwerk gespannt. Durch Druck wird geschmolzenes Aluminium in die Gipsform gefördert. Nach dem Erkalten des Metalls wird der Gips mechanisch entfernt und das Verdichterrad gehärtet.

Aluminium-druckguss

Die Bearbeitung des Verdichterradrohlings beginnt mit dem Drehen des Außendurchmessers und der Radrückseite. Dann wird die Mittelbohrung eingebracht. Danach wird die Verdichterradkontur abgedreht und die Zapfenlänge abgestochen. Das Verdichterrad wird wie der Turbinenrotor ausgewuchtet (Abb. 33).

Durch die stetig steigenden Anforderungen an das Verdichterrad sind heute mehr und mehr gefräste Verdichterräder aus Aluminium oder Titan im Einsatz. Durch die Weiterentwicklung der Bearbeitungsprozesse konnte ein wirtschaftlicher Weg für die Großserienproduktion gefunden werden.

Fertigung des Turbinengehäuses

Mechanische Bearbeitung der Gussrohlinge

Die Gussrohlinge werden in Fertigungsinseln in einem mehrstufigen Prozess auf CNC-Maschinen mechanisch bearbeitet. Zunächst werden die Abgasflanschflächen und der Klappensitz gefräst. Anschließend wird die Kontur gedreht und zuletzt der Zugasflansch gefräst und gebohrt. Das Turbinengehäuse wird durch Einsetzen und Verschweißen von Klappenteilen komplettiert.

Fertigung des Verdichtergehäuses

Die Verdichtergehäuse werden bei großen Stückzahlen meist aus Aluminium im Druckgussverfahren gefertigt. Bei kleineren Mengen wird, wegen der hohen Investitionskosten für das Druckgussmodell, das Sand- oder Kokillengussverfahren bevorzugt. Die weit verbreiteten Verdichtergehäuse aus Druckguss bedürfen infolge ihrer hohen Maßgenauigkeit und Oberflächengüte nur einer geringen Endbearbeitung.

Die Drehbearbeitung der Kontur auf der Gehäuseinnenseite und die Bearbeitung der Dichtflächen erfolgt auf CNC-Drehmaschinen.

Bearbeitung des Lagergehäuses

Auf mehrspindligen CNC-Maschinen werden der verdichterseitige und der turbinenseitige Anschlussflansch gedreht sowie die Mittelbohrung eingebracht. In einem zweiten Arbeitsgang werden auf CNC-Fräszentren die Flansche für den Ölzulauf und -ablauf sowie für die Wasserzuläufe und -abläufe gefräst sowie die noch fehlenden Bohrungen und Gewinde eingebracht. Die Lagergehäuse werden anschließend mit Anschlussstutzen versehen und auf Dichtheit geprüft (Abb. 34).

Abb. 34: Lagergehäusebearbeitung vom Roh- zum Fertigteil

Montage

Rumpfgruppen- und Gehäusemontage

Die Montage unterteilt sich in die Rumpfgruppen- und die Gehäusemontage. Dazwischen wird das Laufzeug in der Rumpfgruppe nochmals bei hoher Drehzahl ausgewuchtet.

Die Rumpfgruppe besteht aus der Lagereinheit, dem Läufer, dem Verdichterrad und der Verdichterrückwand. Bei der Montage werden die Lagerelemente in das Lagergehäuse montiert und der Turbinenrotor mit den Kolbenrin-

Abb. 35: Aufsetzen des Verdichterrades innerhalb der automatischen Montagelinie

gen in die Lagerung eingesetzt. Danach erfolgt die Montage des Axiallagers und der Rückwand. Auf das noch freie Wellenende wird das Verdichterrad aufgesteckt und mit einer Wellenmutter verspannt.

Die Rumpfgruppenmontage wird sowohl an Einzelarbeitsplätzen sowie in der Gruppenmontage nach dem Nullfehlerkonzept durchgeführt. In hohen Stückzahlen gefertigte Turbolader werden automatisch montiert (Abb. 35).

Die montierten Rumpfgruppen werden nach verschiedenen Verfahren geprüft. Die Unwucht des Laufzeuges wird dabei so eingestellt, dass sie innerhalb einer definierten Toleranz liegt. Anschließend werden die Rumpfgruppen zu kompletten Turboladern zusammengebaut. Hierzu werden sie mit den Strömungsgehäusen verschraubt und es werden je nach Bauart weitere Bauteile ergänzt. Im letzten Schritt werden die Regeleinheiten des Turboladers, wie die Ladedruckregelklappe oder die Regelung der variablen Turbinengeometrie, eingestellt.

Mit den neuesten Montageanlagen können die Turbolader komplett montiert, geprüft und eingestellt werden.

Zukünftige Entwicklungen

Die Weiterentwicklung bestehender Turbolader und die Einführung neuer Aufladetechnologien findet in enger Abstimmung mit den Motorenherstellern statt und orientiert sich an den Anforderungen an künftige Verbrennungsmotoren. Im Fokus stehen alle Technologien, die den Verbrennungsmotor noch sparsamer und umweltfreundlicher machen und das Fahrverhalten des Motors verbessern.

Turbolader für Pkw

Dieselmotor

Obwohl der Turbolader mit Ladedruckregelklappe noch Anwendung findet, hat sich beim Pkw-Dieselmotor der Turbolader mit variabler Turbinengeometrie (VTG) als Standardaufladegerät durchgesetzt. Die Turbinengeometrie wird zunehmend über elektrische Stellmotoren verändert, die ein schnelles und präzises Einregeln der Laufschaufelstellung gestatten. Alternativ kommen auch pneumatische Steller mit Positionssensor zur Anwendung. Die Leistungsdichte von VTG-aufgeladenen Pkw-Dieselmotoren hat 70 kW/l erreicht. In Zukunft werden noch höhere Werte angestrebt. Im Zuge des Downsizing werden einfach aufgeladene Motoren mit großem Hubraum zunehmend durch zweistufig aufgeladene Motoren mit geringerer Zylinderzahl und kleinerem Hubraum ersetzt. Damit werden sehr ansprechende Verbrauchswerte bei hohen Leistungsdaten erreicht. In einigen Fällen werden für Dieselmotoren auch geregelte parallele Anordnungen (Register) mit ansprechenden Leistungswerten angewendet, allerdings bei vergleichsweise hohem Regelaufwand. Spezielle

Beschichtungen des Verdichters ermöglichen den zuverlässigen Einsatz einer niederdruckseitigen Abgasrückführung zur Reduktion der Stickoxidemissionen, wobei der Verdichter dann in bestimmten Betriebspunkten dauerhaltbar ein Abgas-Luft-Gemisch fördert.

Ottomotor

Auch im Ottomotor kommt der Turbolader, besonders in Kombination mit Benzindirekteinspritzung und variabler Ventilsteuerung, deutlich zunehmend zum Einsatz. Überwiegend werden Lader mit Wastegate-Steuerung eingesetzt. Wassergekühlte Lagergehäuse und Turbinenräder und -gehäuse aus hochwarmfesten Legierungen erlauben Abgastemperaturen bis zu 1050 °C. Dadurch werden die Motoren sparsamer und umweltfreundlicher. Nachdem der Turbolader mit VTG beim Ottomotor aufgrund der hohen thermischen Belastung bislang nur in Hochleistungsmotoren eingesetzt wurde, wird an Konstruktionen mit höherer Temperaturbeständigkeit gearbeitet, die auch die Anforderungen stückzahlstarker Anwendungen erfüllen. Die zweistufige Aufladung für Ottomotoren befindet sich aktuell in Erprobung. Ihr Einsatz in Hochleistungsmotoren – besonders in Kombination mit fortschrittlichen Brennverfahren – ist wahrscheinlich.

Verbesserung des mechanischen ...

Im Zuge der Bestrebungen zur CO_2-Reduktion werden alle möglichen Maßnahmen zur Verbesserung des mechanischen Wirkungsgrades (Reibungsminderung) und zur Verbesserung des thermodynamischen Wirkungsgrades im Hinblick auf ihr Kosten-Nutzen-Verhältnis bewertet. Die Reibungsminderung konzentriert sich im Wesentlichen auf die Verbesserung der Lagerung des Turboladers, wobei alle Maßnahmen hinsichtlich ihrer Auswirkungen auf Rotordynamik, Lebensdauer und Akustik untersucht werden müssen. Neben der Verbesserung der bewährten ölgeschmierten schwimmenden Gleitlagerung – etwa durch hochentwickelte rechnergestützte Auslegungsverfahren oder Oberflächenstrukturen an den Lagerbuchsen – werden besonders für Pkw-Dieselmotor-Turbolader zunehmend auch Wälzlager diskutiert, die eine Verbesserung des mechanischen Wirkungsgrades und eine Verbesserung des Kaltstartverhaltens erwarten lassen. In diesem Zusammenhang sind Fragen im Zusammenhang mit der Lebensdauer und der akustischen Unauffälligkeit bzw. deren Veränderung über die Lebensdauer zu lösen. Künftige Turbolader für Verbrennungsmotoren könnten auch mit aerodynamischen (luftgeschmierten) Gleitlagern ausgerüstet sein. Für Aufladegeräte, die zur Luftversorgung von Fahrzeug-Brennstoffzellen entwickelt wurden und wegen der vergleichsweise geringen Anregung geringere Anforderungen an die Dämpfung stellen, ist diese innovative Lagerung bereits heute verfügbar.

... und thermodynamischen Wirkungsgrades

Zur Verbesserung des thermodynamischen Wirkungsgrades werden die Strömungskanäle der Laufräder, der Diffusor und das folgende Spiralgehäuse des Verdichters sowie das Spiralgehäuse und der Leitapparat der Turbine mit weit fortgeschrittenen numerischen Methoden ausgelegt. Der Wirkungsgrad wird durch die Spalte zwischen Radkontur und Gehäuse stark beeinflusst. Eine wichtige Rolle kommt deshalb künftig der Spaltauslegung und der Spaltmaßverminderung auf den minimal erforderlichen Wert zu. Dabei werden neben konstruktiven Maßnahmen auch anlauftolerante Beschichtungen oder Einsätze aus geeigneten Werkstoffen gezielt zum Einsatz kommen.

Reduktion des Rotorträgheitsmomentes

Die zunehmende Reduzierung des Hubraumes von Verbrennungsmotoren und die steigenden Kundenanforderungen erfordern zunehmend Technologien, die das transiente Verhalten des Turboladers verbessern. Dazu gehört neben allen Maßnahmen, die die Reibung vermindern und den thermodynamischen Wirkungsgrad verbessern, auch die Reduktion des Rotorträgheitsmomentes. Zum einen kann dies durch geeignete Materialien erfolgen: Für das Turbinenrad wird aufgrund seiner geringen Dichte und hervorragenden mechanischen Hochtemperatureigenschaften der Werkstoff Titanaluminid diskutiert, der eine spezielle Gießtechnologie und besondere Verbindungsverfahren mit dem Rotor des Laders erfordert. Heute in vergleichsweise geringen Stückzahlen eingesetzt, wird derzeit am Einsatz dieses Materials für Volumenanwendungen gearbeitet. In diesem Zusammenhang werden für höchste Abgastemperaturen auch einem Turbinenrad aus der Hochleistungskeramik Siliziumnitrid (Si_3N_4) Chancen eingeräumt. Zum anderen spielt die Gestalt des Laufrades eine wichtige Rolle: Verwendet werden sowohl Radtypen mit nicht bis zur Schaufelspitze reichenden Rückwänden als auch Radtypen mit halbaxialer Zuströmung, die zudem den Vorteil haben, Abgaspulse sehr effektiv umzusetzen.

Dünnwandige Strömungsgehäuse

Von immer größerer Bedeutung sind dünnwandige Strömungsgehäuse aus gezielt auf die Einsatztemperatur hin entwickelten Gusswerkstoffen (Abb. 36). In diesem Zusammenhang werden bereits zweiwandige Blech-Integral-Konstruktionen eingesetzt, wie sie von luftspaltisolierten Auspuffkrümmern bekannt sind. Einer geringen thermischen Trägheit des Turbinengehäuses kommt aus Gründen der Einhaltung der Emissionsgesetzgebung eine wichtige Rolle zu. Durch eine Verminderung des Wandwärmestromes durch die isolierende Wirkung eines luftspaltisolierten Gehäuses werden die Wärmeverluste geringer. Damit sinkt die thermische Belastung des Motorraumes. Zudem werden die Turbinenaustrittstemperaturen um bis zu 30 K angeho-

Elektrisch angetriebener Verdichter

Abb. 36: Turbolader mit Turbinengehäuse aus hitzebeständigem Stahlblech

ben, wodurch im Katalysator höhere Umsetzraten erzielbar sind oder ein Verlöschen der Oxidationsreaktion vermieden wird. Für Ottomoren werden wassergekühlte Turbinengehäuse aus Aluminium diskutiert, wobei man diese Lösung als die konsequente Erweiterung eines zylinderkopfintegrierten Auspuffkrümmers ansehen kann. Ebenfalls aus Kostengründen wird für die Verdichterseite sowie für andere Bauteile, deren thermische Exposition dies zulässt, an Bauteilen aus Kunststoffen gearbeitet.

Elektrifizierung des Turboladers

Während vor etwa 10 Jahren die elektrisch unterstützte Aufladung ein Gegenstand intensiver Entwicklungsarbeit war, sich aber u. a. wegen der begrenzten Verfügbarkeit elektrischer Energie im 12-V-Bordnetz nicht durchsetzen konnte, wird heute die Elektrifizierung des Turboladers vor allem mit der Frage der Rekuperation von Energie verbunden.

Turbolader für Nutzfahrzeuge

Die Nutzfahrzeug-Motortechnik steht derzeit vor der wohl größten Herausforderung in ihrer Geschichte. Seit Beginn der 1990er-Jahre wurden die Schadstoffemissionen von Nutzfahrzeugmotoren zunehmend limitiert. Heute emittiert der Nutzfahrzeugmotor Schadstoffmengen, die vor wenigen Jahren teilweise als nicht messbar und auch als nicht realisierbar galten.

Der schadstoffarme und verbrauchsgünstige Nutzfahrzeugmotor ist ohne Turbolader nicht mehr vorstellbar. Durch neu entwickelte Verdichter, die höchste Druckverhältnisse und zugleich verbreiterte Kennfelder zulassen, kann dem Motor in allen Betriebspunkten ausreichend Luft zur Verfügung gestellt werden. Die Partikelemissionen des Motors sinken dadurch stark. Weiter steigende Druckverhältnisse und die hohen Lebensdaueranforderungen erfordern den Einsatz hochfester Materialien wie z. B. Titan für das Verdichterrad.

Niedrige Schadstoffemissionen und ein geringer Kraftstoffverbrauch lassen sich nur bei Motoren erreichen, die hohes Drehmoment bei niedrigen Drehzahlen bereitstellen. Dies stellt hohe Anforderungen an das Aufladesystem, das hohe Ladedrücke bei zunehmend kleineren Luftvolumenströmen erzeugen muss. Immer häufiger wird der Ladedruck von Nutzfahrzeugmotoren deshalb über einen Bypass geregelt.

Turbolader mit VTG

Weitaus aufwändiger und teurer ist die Ladedruckregelung durch verstellbare Turbinengeometrie (VTG). Die Anforderungen im Nutzfahrzeug sind deutlich höher als im Pkw, da die Drehschaufeln auch als hocheffiziente Motorbremse dienen sollen (Abb. 37). Dies ist erforderlich, weil zukünftige Nutzfahrzeugmotoren über immer weniger Hubraum verfügen werden und die bisherige Bremsklappe im Auspuff allein nicht mehr ausreichen wird. Darüber hinaus sind im Nutzfahrzeug die Anforderungen an die Lebensdauer höher als im Pkw.

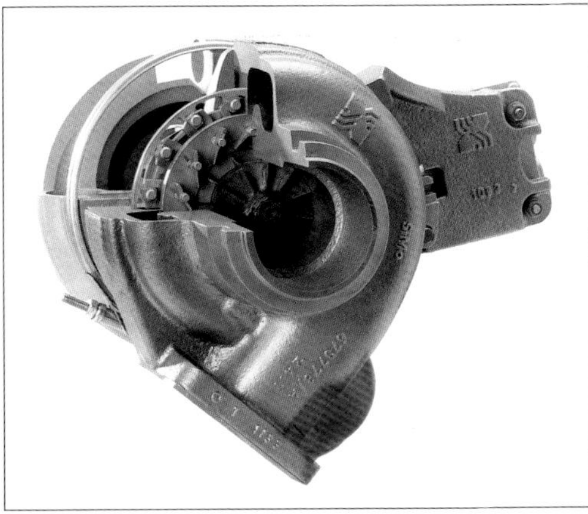

Abb. 37: Turbolader mit variabler Turbinengeometrie für Nutzfahrzeuganwendung

Zweistufige geregelte Aufladung

Eine hochinteressante Alternative zur VTG ist die zweistufige geregelte Aufladung. Durch die Reihenschaltung von Turboladern heutiger Technologie werden hohe Druckverhältnisse erreicht. Die Erfüllung der immer strengeren Emissionsvorschriften für Nutzfahrzeuge, aber auch für Land- und Baumaschinen erfordert, abhängig von der Motorgröße und der gewählten Abgasnachbehandlungsstrategie, immer häufiger den Einsatz von Turboladern mit VTG oder von zweistufigen Aufladesystemen. So lassen sich extrem niedrige Schadstoffemissionen und ein geringerer spezifischer Kraftstoffverbrauch mit den vorhandenen Technologiebausteinen erreichen.

Seit Alfred Büchis Patent aus dem Jahre 1905 hat der Turbolader einen hohen Reifegrad erreicht. Die Entwicklung des Turboladers ist aber genauso wenig abgeschlossen wie die des Verbrennungsmotors.

Der Partner dieses Buches

BorgWarner Turbo Systems
Marnheimer Straße 85/87
67292 Kirchheimbolanden
www.turbos.borgwarner.com

BorgWarner Turbo Systems ist eine Unternehmensgruppe des weltweit tätigen Automobilzulieferkonzerns BorgWarner, Inc. Der technologische Fortschritt in der Aufladetechnik war und ist eng verbunden mit der Geschichte des aus den bekannten Turboladerherstellern 3K und Schwitzer entstandenen Unternehmens. Bereits 1952 begann die Entwicklung und Fertigung von Turboladern bei 3K und Schwitzer und bis heute setzt BorgWarner Turbo Systems Maßstäbe in der Aufladetechnik.

BorgWarner Turbo Systems ist führender Anbieter von innovativen Aufladesystemen und weltweit kompetenter Partner der Automobilindustrie. Im Leistungsbereich von 20 bis 1000 kW Motorleistung je Abgasturbolader bietet BorgWarner Turbo Systems ein breites Spektrum von Turboladern für Pkw- und Nutzfahrzeugmotoren sowie für Industrie-, Lokomotiv- und Schiffsmotoren an.

Aufbauend auf den millionenfach bewährten Turboladerbaureihen K und S entwickelt BorgWarner Turbo Systems innovative Lösungen für die Aufladung zukünftiger Motorgenerationen. Ausgewiesene Fachleute beraten die Automobilhersteller vor Ort in allen Fragen der Aufladung.

In modernen Produktionsstätten in Brasilien, China, Deutschland, England, Korea, Mexiko, Polen, den USA und Ungarn produziert BorgWarner Turbo Systems zurzeit über 7 Millionen Turbolader pro Jahr. Durch den Einsatz modernster Fertigungstechnologien und Qualitätsmanagementsysteme, die die Anforderungen von ISO 9001, QS 9000 und VDA 6.1 erfüllen, sichern wir in allen Phasen der Produktentstehung die hervorragende Qualität unserer Produkte und Dienstleistungen. Durch die ständige Weiterentwicklung der Produkte und Prozesse sichert sich BorgWarner Turbo Systems seine führende Stellung auf dem Weltmarkt.

Mit einem dichten Netz von über 400 Service-Stützpunkten weltweit bietet BorgWarner Turbo Systems eine erstklassige Aftermarket-Betreuung durch hervorragend geschulte und mit modernster Technik ausgestattete Händler.